《解码科学》系列

图解月球

丛书主编　杨广军

丛书副主编　朱焯炜　章振华　张兴娟

　　　　　　徐永存　于瑞莹　吴乐乐

本 册 主 编　石慧亮

本册副主编　刘卿卿　郭龙伟　郭金金

天津人民出版社

图书在版编目（CIP）数据

图解月球 / 石慧亮主编.-- 天津：天津人民出版
社，2012.1（2018.5重印）
（巅峰阅读文库.解码科学）
ISBN 978-7-201-07272-2

Ⅰ.①图… Ⅱ.①石… Ⅲ.①月球—普及读物 Ⅳ.
① P184-49

中国版本图书馆 CIP 数据核字（2011）第 245280 号

图解月球
TUJIE YUEQIU

出　　版	天津人民出版社
出 版 人	黄　沛
地　　址	天津市和平区西康路35号康岳大厦
邮政编码	300051
邮购电话	（022）23332469
网　　址	http://www.tjrmcbs.com
电子邮箱	tjrmcbs@126.com
责任编辑	陈　烨
装帧设计	3棵树设计工作组
制版印刷	北京一鑫印务有限公司
经　　销	新华书店
开　　本	787×1092毫米　1/16
印　　张	11
字　　数	220千字
版次印次	2012年1月第1版　2018年5月第2次印刷
定　　价	21.80元

卷 首 语

　　童年时，你是否幻想过骑着自行车，从月亮上经过？成年后，你是否有过"月上柳梢头，人约黄昏后"的浪漫、"举杯邀明月，对影成三人"的洒脱和"举头望明月，低头思故乡"的愁思？月球寄托着人们的无限情思。

　　古代中国就流传着嫦娥奔月、玉兔捣药的故事。那么，月球到底是怎样的？人类能否真正登上月球？未来人类可以向月球移民吗？月球上会不会有外星人基地？……月球寄托了人类对自然和未来的无限思考！

　　月球对人类有无限吸引力，又是那么的神秘和令人不解。来吧，让我们一起，进入星系的迷宫，一起来图解月球吧！

目　录

神秘的广寒宫

——月球概览

夜幕降临以后，一轮明月通常会升起在夜空，皎洁的月光洒满大地，让人产生无尽的情思遐想。许多文人墨客更是对月亮倍加青睐，唐代著名诗人张若虚的"江上何人初见月，江月何年初照人"，还有宋代著名文学家苏轼的"明月几时有，把酒问青天"，都是脍炙人口的咏月佳句。

那么，月球表面究竟是怎么样的一种景观？它有哪些神秘之处？在这一章中，将为你一一道来。

我是谁——月球名片

月球，古代称之为太阴，俗称月亮，是环绕地球运行的一颗卫星。它是地球的唯一一颗天然卫星，也是距离地球最近的天体（月地之间的平均距离是384400千米）。1969年尼尔·阿姆斯特朗和巴兹·奥尔德林成为最早登陆月球的人类。月球从古至今就让人类特别着迷。那么，下面就让我们一起先从这个迷人的月球的基本概况开始说起吧。

◆月球

暗为原，明为山：月球素描

◆月面上发暗的区域称为月海

皓月当空，你注意到上面有明亮部分和阴暗部分的区别吗？早期天文学家在观察月球时，认为阴暗部分有海水覆盖，把它们称为"海"（其实为平原），云海、湿海、静海等都是最著名的海；明亮部分是山脉，主要是星罗棋布、大大小小的环形山，如位于月球南极附近的贝利环形山，直径有295千米，可以装下整个海南岛；牛顿环形山是最深的环形山，深达8788米（喜马拉雅山的高度为8848米）。当

图解月球

月球的地形地貌示意图

湾　悬崖

洋

环形山

月球盆地

湖

海

山脉

盆沿

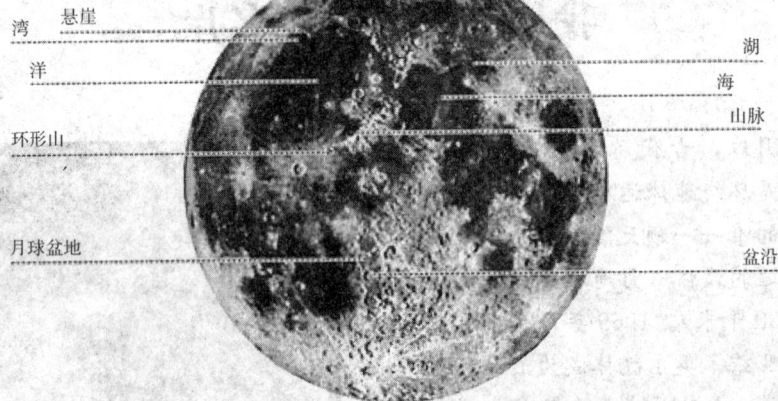

◆月球的地表地貌示意图

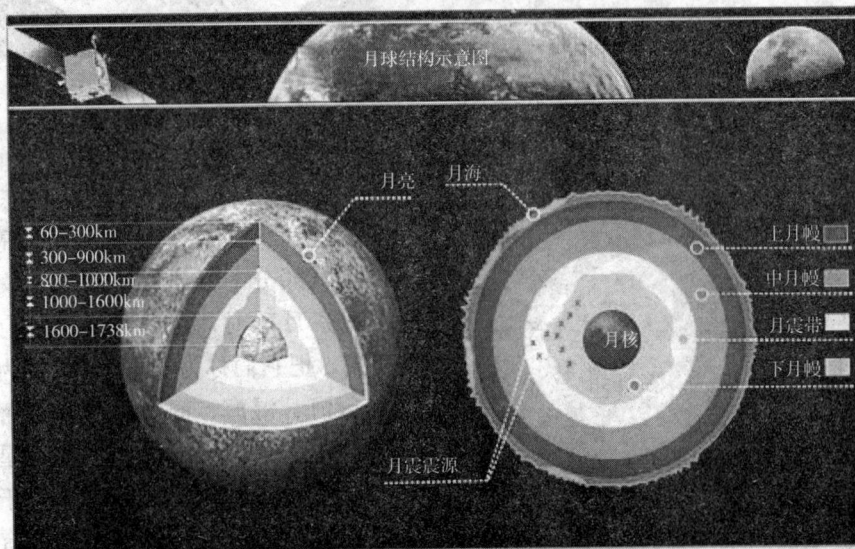

月球结构示意图

月亮　月海

60~300km
300~900km
800~1000km
1000~1600km
1600~1738km

上月幔

中月幔

月震带

下月幔

月核

月震震源

◆月球结构示意图

然，月球上除了环形山外，也有普通山脉。我们肉眼可见的月球明暗其实代表了月球上的高山和平原。

地位、结构与传说

月球与地球形影相随，是地球的天然卫星。它的年龄也大约是 46 亿年。作为地球的卫星，月球比地球小得多：直径约为 3476 千米，是地球直径的 3/11；质量约 7.35×10^{22} 千克，相当于地球质量的 1/81；体积只有地球的 1/49；月面重力差不多是地球重力的 1/6。

月球有壳、幔、核等分层结构。最外层是月壳，平均厚度约为 60 至 65 千米；从月壳下面到 1000 千米深度是月幔，占月球的大部分体积；月幔下面是月核，温度约为 1000℃，由于温度高，很可能处于熔融状态。

在中国古代神话里，关于月亮的故事传说数不胜数，有嫦娥奔月、天狗食月、吴刚伐桂、唐明皇游月宫、玉兔捣药等等。在古希腊神话中，月亮女神的名字叫阿尔忒弥斯，同时她也是狩猎女神。月球的天文符号好像弯弯的娥眉，它象征着阿尔忒弥斯的神弓。

希腊神话——月亮女神阿尔忒弥斯

阿尔忒弥斯，古希腊神话中的狩猎女神、月神、奥林匹斯主神之一，也被看做野兽的保护神。罗马神话中她也叫狄安娜。她与阿波罗一样，喜欢草原、森林，因此也是狩猎女神。依照神话里的说法，阿尔忒弥斯相貌美丽，身材匀称、修长，又是处女的保护神，所以她的名字常成为"贞洁处女"的代名词。据说，她有很多追求者，但她不愿结婚，宣称自己热爱自由，愿意与森林中的仙女们永远生活在一起。因此，在英语中，To be a Diana 可以用来表示"终身不嫁"或"小姑独处"的意思。

◆月亮女神阿尔忒弥斯和月亮符号

满脸都是小酒窝——环形山

◆月球上有许多大小不一的环形山

环形山，英文是crater，希腊文的意思为"碗"。正是因为如此，"环形山"通常指碗状凹坑结构的坑。在月球表面布满的大大小小圆形凹坑，称为"月坑"，大多数月坑的周围环绕着高出月面的环形山。

环形山这个名字是怎么来的？环形山是如何命名和分类的？成因又是什么？让我们一起去探究吧！

◆环形山

TUJIE
YUQIU

什么是环形山？

环形山是月球上最显著的特征，几乎布满整个月球表面。月面上的环形山重重叠叠、星罗棋布，中央是一块圆形平地，外围是一圈隆起的山环，内壁陡峭，外坡平缓，很像地球上的火山口，伽利略形象地将其称为环形山（英文是 crater，希腊文意为"碗"）。

环形山中间通常是一个陷落的深坑，四周则有高耸直立的岩石，高度一般在7～8千米之间。环形山大小不一，直径相差很大：小的环形山直径不到10千米（有的仅如一个足球场大小）；大的环形山直径则会超过100千米。月球表面上直径大于1千米的环形山有33000多个，占月球表面积的7%～10%。最大的环形山是月球南极附近的贝利环形山，直径达295千米，仅比我国的浙江省小一点。

◆月球背面的环形山

◆月球上最大的环形山：贝利环形山

名人介绍——近代科学之父：伽利略

伽利略•伽利雷（1564—1642年），意大利人，环形山的命名者，近代实验科学的先驱者，文艺复兴后期伟大的天文学家、物理学家、哲学家、数学家，是

◆伽利略肖像

近代实验物理学的开拓者，被誉为"近代科学之父"。他为了维护真理而不屈不挠奋斗，恩格斯称他是"不管有何障碍，都能不顾一切而打破旧说，创立新说的巨人之一"。

他敢于为了真理挑战权威。1590年，在比萨斜塔上伽利略做了一个著名实验："两个球同时落地"。这一实验推翻了亚里士多德的"物体下落速度和重量成比例"的学说，纠正了这一持续了1900年的错误结论。现在来自世界各地的人们都要到比萨斜塔参观，这座古塔被看做伽利略的纪念碑。

伽利略还有一个重要贡献就是于1609年创制了一个天文望远镜（后被称为伽利略望远镜），并用以观测天体。他发现了月球表面的凹凸不平，并亲手绘制了历史上第一幅月面图。伽利略在1610年

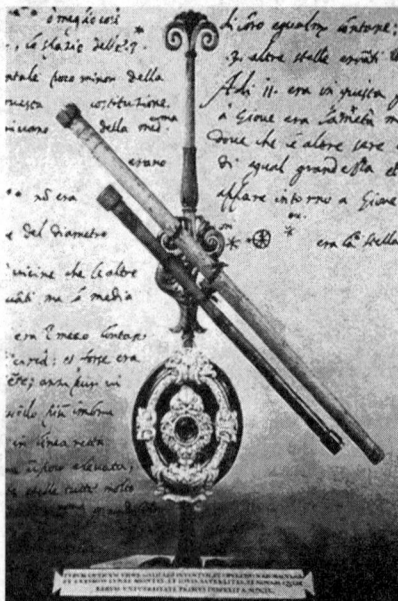

◆珍贵文物——伽利略使用过的折射式天文望远镜及观测手稿

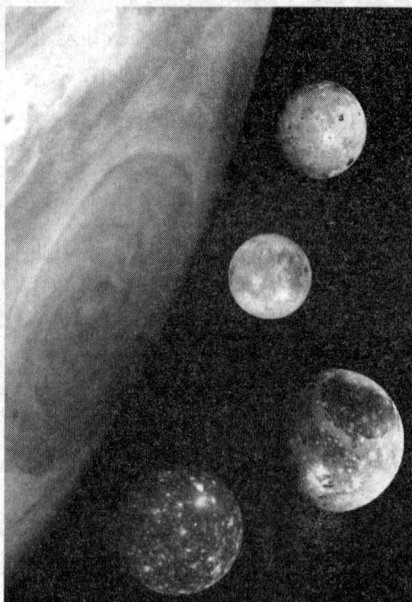

◆1610年伽利略发现了土星和4个木星的卫星

1月7日发现了木星的四颗卫星，为哥白尼学说找到了确凿证据，标志着哥白尼学说开始走向胜利。伽利略借助于望远镜还先后发现了土星光环、太阳黑子、太阳自转、金星和水星的盈亏现象以及银河由无数恒星组成等天文现象。他的这些伟大发现开辟了天文学的新时代。

为了纪念伽利略的丰功伟绩，人们将木卫一、木卫二、木卫三和木卫四都命名为伽利略卫星。

"哥伦布发现了新大陆，伽利略发现了新宇宙"。这是人们对他的伟大功绩的传颂和肯定。

环形山的命名

古代天文学家在给月球上的山川起名字时，做了这样的规定：月球上的山名用地球上的山名，月球上的环形山用世界著名科学家和思想家的名字，这一规定沿用至今。环形山中就有著名的阿基米德环形山、哥白尼环形山、牛顿环形山等。

在月球背面的环形山中，有四座以我国古代天文学家名字命名的，分别是：张衡环形山、石申环形山、祖冲之环形山和郭守敬环形山。还有一座

◆哥白尼环形山

万户环形山，是为了纪念一位传说为尝试飞向天空而献身的万户（万户是旧时一种官名）。在月球正面还有一座环形山以中国现代天文学家高平子来命名，它位于月球正面S6°、E87°。

水星上也有环形山，其中有一座的名字就是李清照。李清照是著名女词人，也是中国历史上唯一的一位名字被用作外太空环形山山名的女性。

名人介绍——李清照

◆中国历史上唯一一位名字被用作外太空环形山的女性：李清照

李清照（1084—1155 年），号易安居士，南宋女词人，婉约派代表词人，汉族，济南章丘人，有《易安居士文集》等著作传世。纪念馆坐落在泉城——山东济南大明湖畔。代表作有《一剪梅》、《声声慢》、《夏日绝句》、《如梦令》等。

又见小酒窝
——环形山续集

环形山的构造特别复杂，种类也非常多，那么按怎样一个标准来划分如此复杂的环形山呢？

有关月面环形山的形成，人们曾做过多种猜测。目前比较公认的观点是"撞击说"。也曾有人认为月球上的环形山可能是由于火山爆发而形成的。但是根据人类登月后在月面设置的"月震仪"的探测资料得知，和地球相比，月球是一个地质不活跃的天体。在它过去的46

◆环形山

亿年间，月球从来不曾有过频繁而剧烈的火山活动。那么，月球上的环形山到底是不是火山爆发形成的呢？下面就让我们来具体来看一下月面环形山究竟是如何形成的吧……

环形山的分类

环形山的构造复杂，种类繁多。按照它们形成的先后顺序，可分为古老型和年轻型两大类。古老型的环形山很不规则，并且大多已坍塌，上面重叠着圆形的小环形山及其中央峰。那些高高在上的环形山都是一些比较年轻的环形山。

一个日本学者于1969年提出了另外一种环形山分类法，把环形山分为克拉维型、哥白尼型、阿基米德型、碗型和酒窝型。克拉维型环形山是古老的环形山，一般都面目全非，有的还是山中有山；哥白尼型环形山是年

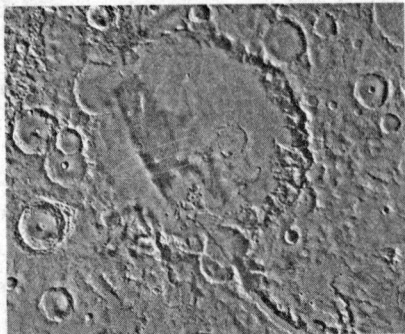
◆古老的环形山

◆克拉维型环形山

轻的环形山，常有"辐射纹"，中央一般有中央峰，内壁经常带有同心圆状的段丘；阿基米德型环形山的环壁较低，可能是从哥白尼型演变而来的；碗型和酒窝型环形山是小型环形山，有的直径还不到一米。

环形山的成因

◆有人主张流星撞击月球是环形山的成因

有关环形山的形成原因，众说纷纭，相对比较科学的解释有两种。

其一，月球刚形成不久时，内部的高温熔岩与气体冲破表层，喷射而出（类似于地球上的火山喷发），开始时威力较强，熔岩喷射出来又远又高，最后堆积在喷口外部，就形成了环形山。后来喷射威力逐渐变小，只在中央底部有喷射堆积，形成小山峰，就是环形山的中央峰。有的喷射熄灭得较早，或没有再次喷射，就没有中央峰。

其二，流星撞击月球造就了环形山。主张陨石撞击的人认为，距今约30亿年前，宇宙空间的陨星体很多，而月球正处于半融熔状态。巨大的陨星撞击月面时，在其四周溅出土壤与岩石，就形成了一圈圈的环形山。由于月面上没有猛烈的地质构造活动和风雨洗刷，所以最初形成的环形山就一直被保留了下来。

点击——流星

◆单个流星

流星就是行星际空间的固体块和尘粒。流星在闯入地球大气圈时会同大气摩擦燃烧而产生光迹。太阳系中较大的流星闯入地球大气圈后未完全燃烧的剩余部分就是陨石。陨石可以给我们带来丰富的太阳系天体形成和演化的信息，是受人欢迎的"不速之客"。流星为何会进入地球大气圈呢？它们本来是围绕太阳运动的，经过地球附近时，会受地球引力的强大作用而改变轨道，从而进入地球大气圈。

流星有单个流星、火流星、流星雨等几种。单个流星的出现方向和时间没有规律，故而又叫偶发流星。火流星也属于偶发流星，与单个流星不同的是，它出现时异常明亮，就像一条火龙且可能伴有爆炸声，有的甚至白昼也可见。许多流星从星空中的某一点（即辐射点）向外辐射散开，

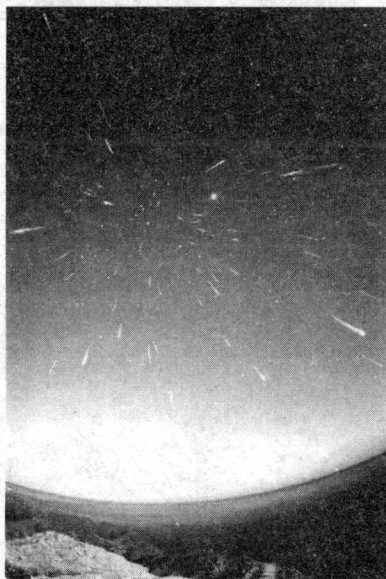

◆流星雨

这就是流星雨。

动动手——人造环形山

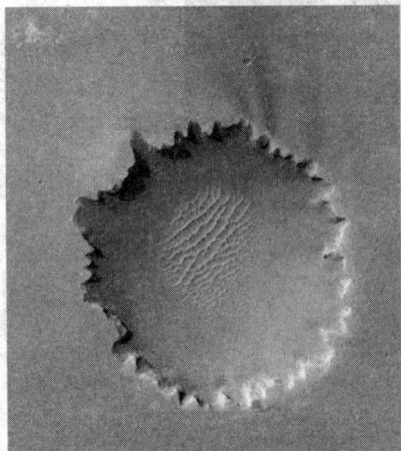

◆人造环形山

环形山其实可以用实验模拟表达出来，用一堆沙子，一个球就可以人造一座环形山。用球表示小行星、陨石，实验时用力用球去撞沙子，这样就人工造了一座环形山。当然你用球去撞击沙子的力度和所使用的球的大小决定着环形山的大小。

叫海不是海
——月海

听到海，你可能会想到波涛汹涌，想到跳跃的海豚，想到顶着风雨的海燕，想到轮渡声声，想到《大海》等脍炙人口的歌曲等等。是啊！地球上的大海孕育着万千生命，充满了勃勃生机，是一座巨大的宝库，是人们争相赞颂的对象，也是勇者的乐园。那么，你听过月海吗？月海和地球上的海一样吗？是否也是碧波荡漾？是否也有万千生命？不是！月海和地球上的海洋是完全不同的景象，它指的是月球上的陆地哦！

这可真是有意思，月海叫海不是海。那么，下面就让我们具体来看一下，究竟什么是月海？它是怎么形成的？它有什么样的特征？又是如何分布的？

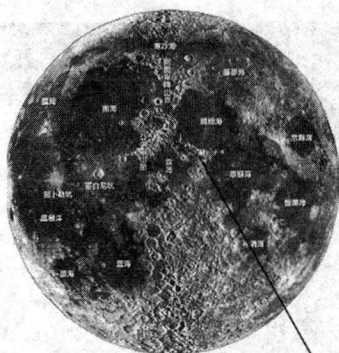

月海

◆人类用肉眼所见的月面上的阴暗部分通常被称为月海

什么是月海?

◆月球上最大的月海——风暴洋

　　所谓月海,并非月球上面的海洋,而是指肉眼看到的月面上的暗淡黑斑,实际上是月球上的广阔平原。由于历史的原因,月海这一名称被沿用至今。到目前为止,人类还没有在月球上发现液态的水。它之所以被称之为"海",是因为早期的观察者发现月面有部分地区较暗,而在当时无法清晰地观察到月球表面的情况,所以观察者们也只能按照其对地球的认识,猜测该地区为海洋,因为其反光度比其他地方低(相对地,其他比较光亮的地方

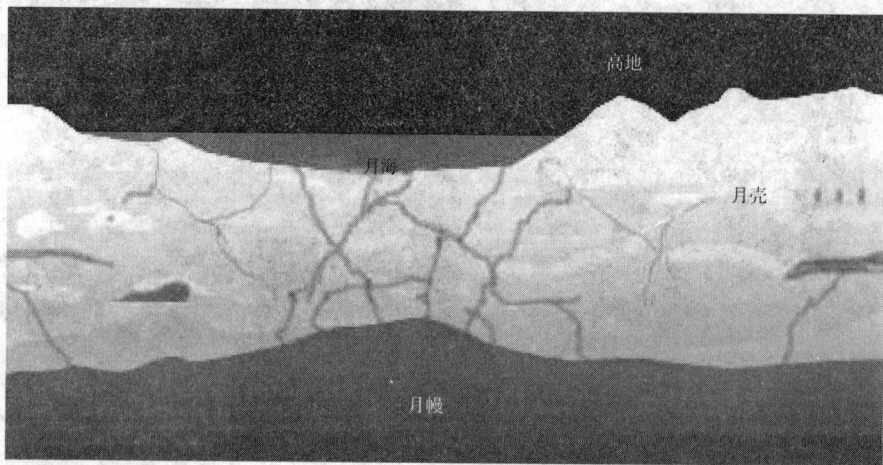

◆月海示意图

就被称为月陆）。整个月球上共有22个"海"，其中向着地球的这一面有19个。此外还有一些地形被称为"月海"或"类月海"的。最大的月海是风暴洋，面积约500万平方千米。较大的还有冷海、澄海、云海、危海、丰富海等，这些名字都是由古代天文学家确定的。

大多数月海是圆形封闭的，周围环绕山脉。月海海面一般比月陆低很多，比如澄海和静海比月球平均水准面低1700米左右。雨海东南部是最低的，海底深达6000多米。

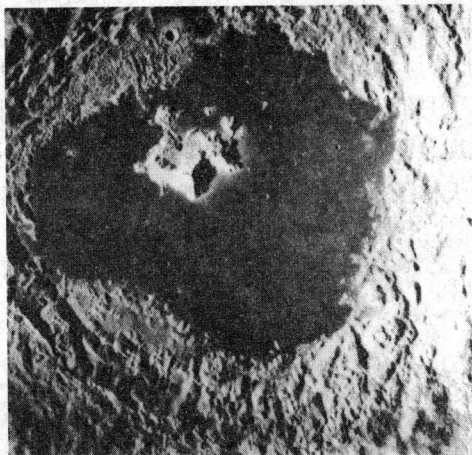

◆月球背面的齐奥尔科夫斯基坑是一个典型的类月海，它宽180千米，底部覆盖玄武岩

月海的形成

◆玄武岩

目前，比较多的人认同月海是小天体撞击月球时，撞破月壳，使熔融的月幔流出，玄武岩岩浆覆盖了低地，形成了月海。但也有科学家根据对月球形成年龄与各类岩石成分、构造的研究，认为月球约形成于45.6亿年前。月球形成后曾发生过较大规模的岩浆洋事件，通过岩浆的熔离过程和内部物质调整，于41亿年前形成了斜长岩月壳、月幔和月核。在40亿～39亿年前，月球曾遭受

到小天体的剧烈撞击，形成分布广泛的月海盆地，称为雨海事件。在39亿
～31.5亿年前，月球发生过多次剧烈的玄武岩喷发事件，大量玄武岩填充
了月海，厚度达0.5～2.5千米，称为月海泛滥事件，月海因此而成。两个
观点的不同之处在于：前一观点认为是同时发生的；而后一观点则认为小
天体的撞击和玄武岩的喷发是发生在两个年代的。

点击——月幔

花岗岩质的外壳
岩质月幔
液态外核
固态核

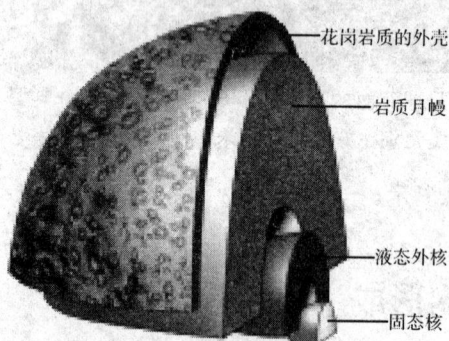

◆月球的内部构造

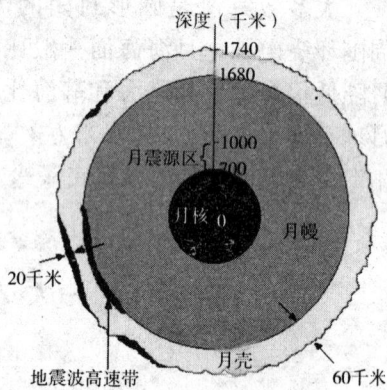

深度（千米）
1740
1680
月震源区
1000
700
月核 0
月幔
20千米
地震波高速带
月壳
60千米

◆月幔的位置

　　月球的内部构造究竟是什么样的？这个问题很重要，因为这关系到它的起
源与演化。20世纪60年代人类第一次登上月球后，人类对月球内部构造的认识
逐步加深。
　　天然和人工月震提供的资料表明，月球同地球一样，也可分为月壳、月幔和
月核等层次。月壳厚度约为60～65千米，最上部的1～2千米主要是岩石碎块和
月壤。
　　自月壳以下到约1000千米均为月幔，有人将月幔下限定在约1388千米深
处。月幔几乎占月球一半以上的体积。自月幔以下直到约1740千米深处的月球
中心是月核，主要由铁、镍、硫等元素组成，温度大致在1000℃～1600℃之间。

月海的地理特征及分布

月海类似地球上的盆地，地势一般较低，比月球平均水准面低1～2千米，个别最低的月海（如雨海）的东南部甚至比周围低6000多米。

已经确定的22个月海中，19个分布在月球近地面，远地面只有3个。科学家认为是地球引力造成月海分布如此不均。由于月球总有一面永远面向地球，在历经亿万年的地球引力影响后，月球的质心比形心更接近地球。所以月幔更容易从近地面一侧流出，使近地面的撞击坑更容易被玄武岩岩浆"灌溉"，因而近地面的月海较远地面多。

月海占月面总面积的16％。人类和月海有亲密接触，美国的"阿波罗"宇宙飞船曾6次在月海上登陆，如"阿波罗－12"号曾着陆于风暴洋，"阿波罗－11"号、"阿波罗－17"号则在静海着陆。宇航员身穿宇航服，行走在"海面"上，留下一串串深约3厘米的脚印，他们发现月面上的尘土是近似灰色的纤细粉末，有点像带黏性的木炭屑。

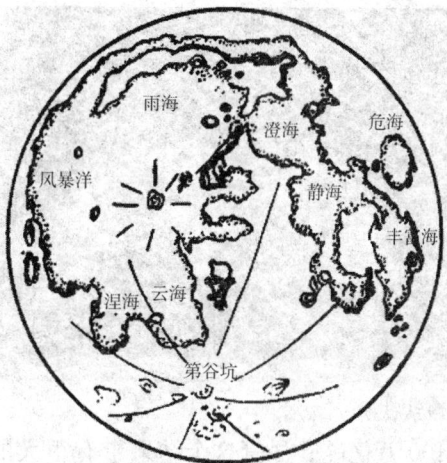

◆部分月海分布图

◆朝向地球的月面

月海的资源

◆钛铁矿

填充月海的玄武岩就像一个巨大的钛铁矿存储库。据专家推算，共有约 106 万立方千米玄武岩分布在月海盆地或平原上。根据已有的探测结果，尤其是"克莱门汀"号月球探测器的多光谱探测数据，以目前地球上钛铁矿开采的品位作为参考值，可算出这些玄武岩中可开发的钛铁矿资源量超过 100 万亿吨。尽管这个结果带有很大的推测性与不确定性，但可以肯定的一点是，月海玄武岩确实蕴藏着丰富的钛铁矿。

钛铁矿不仅是生产金属钛和铁的原料，而且是生产水和火箭助燃

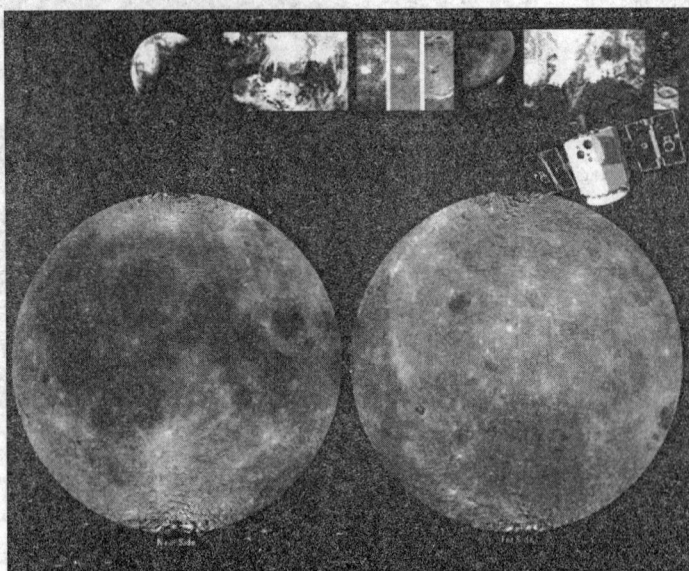

◆ "克莱门汀"号月球探测器所拍摄的照片

料——液氧的主要原料。这就意味着对月海玄武岩的探测极为重要。然而令人遗憾的是，目前人类对月海玄武岩厚度的探测程度很低，这就影响了月海玄武岩总体积的计算精度，进而影响了钛铁矿开发利用前景评估的可靠性。相信不久的将来会有所突破，让我们拭目以待。

月球最古老的地形
——月陆和山脉

月陆就是月面上高出月海的区域，一般比月海水准面要高2~3千米。由于月陆的返照率较高，因而看起来比较明亮。在月球正面，月陆的面积基本与月海面积相等；但在月球背面，月陆的面积则要比月海大得多。根据同位素测定，月陆比月海古老得多，是月球上最古老的地形。

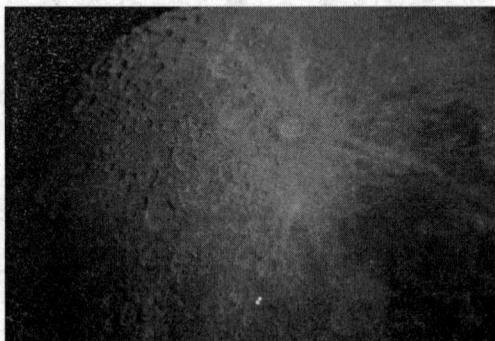

◆月球第谷坑北部绵延起伏的高地景象

月球上除了前面讲的环形山之外，还有一些与地球上相似的山脉。我们一起来看看吧。

除环形山之外的山脉

在月球上，除了众多星罗棋布的环形山外，还有一些与地球上相似的山脉。它们常借用地球上的山脉名，如高加索山脉，阿尔卑斯山脉等。月球上最长的山脉是亚平宁山脉，长可达6400米；最高的山是位于月球南极附近的莱布尼茨山，高可达6100米。

除了山脉和山群外，月面上还有四座长达数百千米的峭壁悬崖。其中三座突出在月海中，这种峭壁也称"月堑"。

月球山脉上也有峻岭山峰。现在认为大多数山峰的高度与地球山峰高度相仿。根据 1994 年美国"克莱门汀"号月球探测器获得的数据，人们曾得出月球最高点为 8 千米的结论。然而，根据我国"嫦娥一号"获得的数据，人们推测月球上的最高峰高达 9840 米。月面上高 6 千米以上的山峰有 6 个；5～6 千米的有 20 个；3～6 千米的则有 80 个；1 千米以上的有 200 个。月球上的山脉有这样一个普遍特征：两边坡度很不对称，向海的一边坡度大，有时为断崖状，另一侧则相对平缓。

◆月球上最长的山脉：亚平宁山脉

月陆

我们在地球上看到的月面上的明亮的部分就是月陆。月陆也被称为月球高地。月陆并非一马平川，而是峰峦起伏，山脉横贯。

月陆表面由结晶岩石组成，主要有斜长岩、结晶岩套和克里普岩。斜长岩是由 95％的钙长石及少量的辉石、橄榄石组成的。结晶岩套富含镁，由斜长石、橄榄石、辉石、尖晶石等矿物组成。克里普岩最早发现于"阿波罗－12"号飞船所采集的月壤样品的浅色细粉末中，后来发现在月陆上广泛分布，主要成分为钾 K、稀土元素 REE 和磷 P，经济价值很高，形成方式与地球上的花岗岩相似，因而也被称为"月球上的花岗岩"。

知识窗——橄榄石

同位素研究结果证实，月球早期曾产生过广泛的大规模的熔融、分异和结晶过程。各种证据也表明，在月球形成早期，月面上必定存在巨大的"岩浆洋"。

随着时间推移,"岩浆洋"逐渐冷却,一些矿物逐渐结晶出来。橄榄石首先析出。

橄榄石的主要成分是镁或铁的硅酸盐,同时也含有镍、钴、锰等元素,晶体为厚板状或短柱状。橄榄石变质可以形成菱镁矿或蛇纹石,能经受 $1500℃$ 的高温,可用作耐火材料。橄榄石有好几种,比如锰橄榄石、铁橄榄石、硅镁石、钙镁橄榄石等。品种不同,橄榄石的颜色也不同,有绿色、柠檬黄色、红色、茶色、褐黑色甚至无色等等。但不论哪种颜色,它

◆月球岩浆冷却析出的橄榄石

们都有松脂光泽或玻璃光泽。橄榄石是岩浆成为岩石后形成的第一代矿物,所以科学家通过它来研究当初岩浆的成分。透明的橄榄石称为黄电气石,可以当做宝石。

月球的美丽皱纹——月谷和月溪

月球上除了环形山、月海、月陆、山脉等地理特征外，在月面不少地区还能看到一些暗色大裂缝，弯弯曲曲，绵延数百千米，宽达几千米，甚至数十千米。这些大裂缝看起来就像地球上的沟谷一样，较宽的被称为月谷，较细长的被称为月溪。下面我们就来具体看一下，月谷和月溪是如何形成的吧。

◆月球上的修达月谷

月谷和月溪简介

我们的地球上有许多著名的裂谷，如东非大裂谷。月面上也有这种地质构造——月谷，就是那些看起来弯弯曲曲的黑色大裂缝。它们绵延几百

◆ 图中有两个月坑，左边的月坑是直径 40 千米的阿里斯塔克坑，右边是直径 35 千米的赫罗多特坑，两者之间是克白拉峰。以克白拉峰为源头蜿蜒伸出一条宽 8 至 10 千米、长 150 千米的月谷——施罗特里月谷

到上千千米不等，宽度也从几千米到几十千米不同。月谷相比月溪较宽，大多出现在月陆上较平坦的地区，月溪相比月谷而言较小、较窄，到处都有。最著名的月谷是阿尔卑斯大月谷，位于柏拉图环形山的东南，联结雨海和冷海，将月球上的阿尔卑斯山拦腰截断，甚是壮观。根据从太空拍得的照片估计，它长可达 130 千米，宽在 10~12 千米之间。

著名的两个月溪是哈德利月溪和布拉德利月溪。哈德利月溪位于雨海东部平原上，是月面上最清晰的弯曲月溪之一。由于它位于"阿波罗-15"号飞船的着陆点附近，因此目前人们对它的研究最为清楚。哈德利月溪宽 1.5 千米，深度达 400 米，长度超过 100 千米，两壁岩石露头十分新，很好地展现了月球表面的物质构成和构造演化史。从剖面看，其上部是月表土壤，厚可达 5 米，其下是不同厚度的岩块和碎屑角砾层，这是因不同时期的火山作用或撞击作用形成的，再往下是山麓堆积物和坚硬而完整的

阿尔卑斯山脉

阿尔卑斯月谷

◆阿尔卑斯山脉和阿尔卑斯月谷

哈德利月溪

布拉德利月溪

◆哈德利月溪和布拉德利月溪

基岩。

月谷和月溪的成因

月谷和月溪是怎样形成的呢？目前众说不一。有的科学家认为与地球上的"V"形谷相似的月谷和弯曲的月溪，可能在月球形成的早期，由水的流动而形成的；有的科学家认为少数月坑成排分布，由小月坑组成的锁链就形成裂缝，如月面中央著名的希金努斯裂隙等；有的科学家认为有些

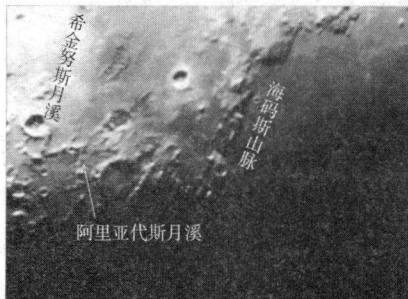

希金努斯月溪

海码斯山脉

阿里亚代斯月溪

◆图片左面一上一下两条暗线分别是希金努斯月溪和阿里亚代斯月溪

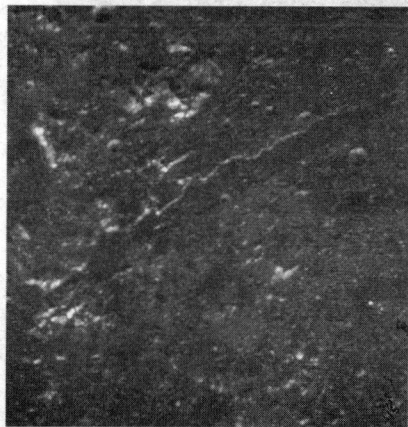

◆阿尔卑斯月谷

月溪月谷是陨星撞击月表时留下的辐射线的残余，如雨海东北的阿尔卑斯月谷；还有科学家认为有的月溪和月谷也可能是由火山爆发产生的熔岩流的流动而形成的。

到底哪种方式是正确的呢？通过对月谷和月溪影像资料的详细分析、实地考察和岩石样品的分析研究，科学家认为这几种形成方式都是存在的。

广角镜——月谷，神秘的月球渠道

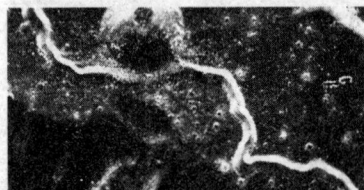

月谷看起来很像地球上的河槽。有些月谷很直，有些则弯弯曲曲，就如左图上的这条：被称做"弯曲"谷，曲度很大，蜿蜒穿过月表。

在雷达图片上，月谷特别显眼。有些月谷的形状很奇特，请看左图的普朗克月谷，是不是很像人体的脊椎骨呀！

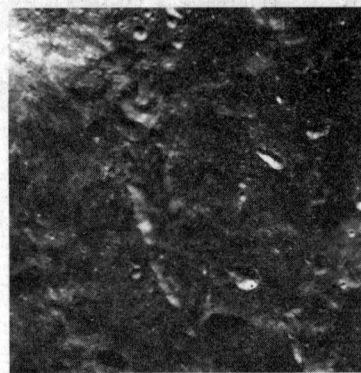

◆ "弯曲"谷

◆普朗克月谷：形如人体的脊柱骨

美丽的亮带——辐射纹

月球表面上还有一个明显的特征就是一些较"年轻"的环形山常带有美丽的"辐射纹"。这种"辐射纹"以环形山为辐射点，向四面八方延伸呈现出一条亮带。这些辐射纹以近乎直线的形式穿过山系、月海和环形山；并且它的长度和亮度不是完全相同。其中第谷环形山的辐射纹最是引人注目，一条最长的亮带长度达到了 1800 千米，尤其是在其满月时候特别壮观。在其他环形山像开普勒和哥白尼也有相当美丽的辐射纹。经过统计得出具有辐射纹的环形山有 50 多个。叙述了这么多美丽的辐射纹，可是辐射纹究竟是如何形成的呢？还有我们在地球上能不能直接观测到月球的辐射纹呢？下面就让我们来具体看一看吧。

◆辐射纹

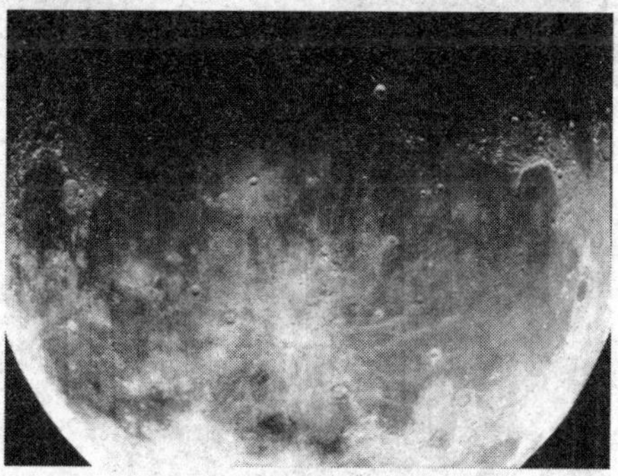

◆具有辐射线的月坑

辐射纹的成因

辐射纹是怎样形成的呢？至今人类科学也没有一个明确的定论。实质上辐射纹的形成理论和环形山的形成理论有着紧密的联系。在今天有多数科学家认为辐射纹是由陨星撞击月球而形成的。在月球上没有空气，引力也非常小，所以陨星撞击会让高温碎块飞得很远。还有一些科学家认为辐射纹的形成有可能是火山的作用，当火山爆发的时候喷射出的熔岩也有可能形成辐射状的飞溅。很多科学家认为火山喷发或者大的陨星体撞击月球表面时，岩石以及岩石粉末等在外力的作用下向四周飞溅，当外力作用减弱或者消失的情况下这些物质慢慢飘落到月球表面从而形成了今天的辐射纹。又因为它反照率比较高，所以看上去就显得格外明亮。

辐射纹的观测

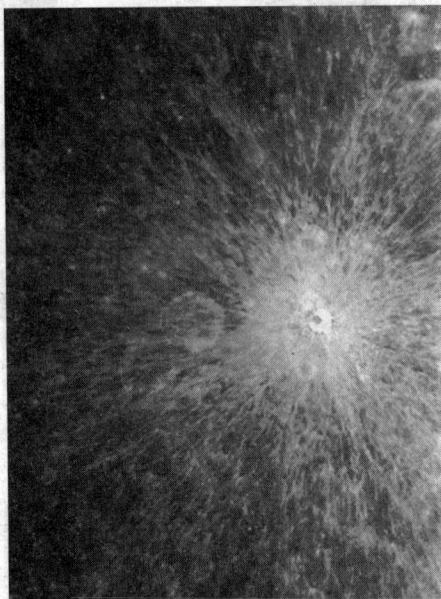

月球背面一个典型的辐射线撞击坑

◆月球的辐射纹

月面辐射纹呈现在为数不多的环形山周围，看上去为辐射状的明亮条纹。在每个月满月的时候我们用望远镜就可以清楚地观察到。辐射纹的宽度一般在千米左右，长度也大都在数百千米以上。所有辐射纹都是以其中一个环形山为起点，沿着几乎笔直的方向，穿过高山，越过月海，向四面八方放射状延伸，这样奇特的景色成为月面上一道靓丽的风景。

月面上的主要特征之一就是辐射纹，在整个月面大约有 50 个比较"年轻"的环形山具有辐射纹。一个叫第谷环形山最为特别，第谷环形山位于月面南部，上边有 12 条又长又亮的辐射纹，其中最长的一

条辐射纹达 1800 千米以上，长度相当于从北京到上海。夜晚我们用普通望远镜就能清楚地观测到。此外哥白尼环形山和开普勒环形山的辐射纹也非常美丽。

广角镜——鬼斧神工的辐射纹

辐射纹与两边岩石只有物质和颜色上的界限，根本看不出它们是在哪里衔接，可以说是天衣无缝；既没有突出于边岩，也不凹陷于边岩，恰到好处地与边岩抹平。就算是出自地球上最高级的电焊工之手也不能和其抹平的水平相媲美。辐射纹的形状绝不是由于地质作用而形成的岩脉或矿脉。它们在阳光下闪闪发光，直到今天人们也不知道辐射纹究竟是由什么元素组成的。这些纹的长度最长的达到3000多千米，相当于3/5个长城，估计也不会比长城的直线距离短多少。据天文地质学家的猜想，辐射纹的形成很可能是由于环形山曾经发生过的大规模的火山爆发后的痕迹，构成辐射纹的物质是火山爆发时喷射出去的物质落到月面后而形成的粉末状的东西。这些专家学者把猜想写入辞海，辐射纹就算是火山奇迹，可是，火山喷发后的遗迹呢？在没有风化作用的月表，火山喷发后的遗迹应该不会被风化的。

◆拥有辐射纹的陨石坑

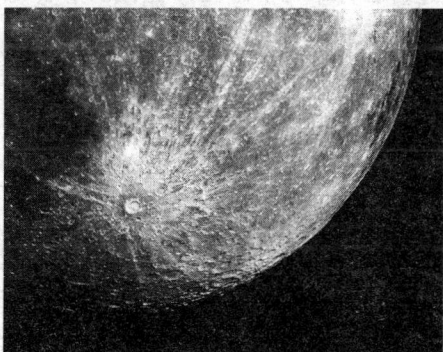

◆美丽的辐射纹

浴火重生——月球火山

◆月球火山

在广阔无垠光辉灿烂的美丽夜空中，月球让人们看起来总是那么的平静美丽。可是我们大脑里有时候会忽然浮现出一种猜想：月球上会不会有像地球上一样的火山呢？

事实上月球上是没有像夏威夷或圣·海伦那样的火山。可是月球的表面却被巨大的玄武熔岩也就是火山熔岩层所覆盖。

月球表面不仅有玄武熔岩构造，在月球的阴暗区，还存在着其他的火山特征。其中蜿蜒的月面沟纹、黑色的沉积物、火山圆顶和火山锥就是突出的月面特征。不过，相对来讲这些特征并不是十分明显，只存在于月球表面火山痕迹的一小部分。接下来就让我们来具体看一看，月球火山和地球火山相比究竟存在有什么差别，还有它是如何形成的呢？

月球火山和地球火山的差别

月球火山和地球火山相比，月球火山就可以说是老态龙钟。月球火山的年龄大部分都在 30 亿～40 亿年之间；典型的阴暗区平原，年龄为 35 亿年；而最年轻的月球火山也有 1 亿年的历史。相比之下，地球火山属于青年时期，一般年龄都小于 10 万年。在地球上最古老的岩层只有 3.9 亿年的历史，年龄最大的海底玄武岩也只有 200 万年历史。和月球火山相比年轻的地球火山仍然十分活跃，而月球火山却没有任何新近的火山和地质活动的迹象。因此，天文学家称月球是"熄灭"了的星球。

◆地球火山

◆出现在巨大古老的冲击坑底部的典型的月球火山

在地球上火山大多呈现出链状分布。例如夏威夷岛上的山脉链，显示板块活动的热区，而安第斯山脉，火山链则勾勒出一个岩石圈板块的边缘。在月球上没有板块构造的迹象，典型的月球火山多出现在古老巨大的冲击坑底部。因此，大部分月球阴暗区都呈现出圆形外观。冲击盆地的边缘往往包围着阴暗区环绕着山脉。

月球火山的成因

月球阴暗区主要出现在月球较近的一侧。阴暗区几乎覆盖了这一侧的1/3面积。而在较远一侧，阴暗区的面积只有2%。但较远一侧的地势相对更高，地壳也较厚。由此可以得出这样的结论，控制月球火山作用的主要因素是地壳厚度和地表高度。

月球地心引力和地球引力相比只有地球引力的1/6，因此火山熔岩的流动阻力和在地球上的相比更小，流动更为流畅，很容易扩散开。表面大都呈现出平坦而光滑的状态，

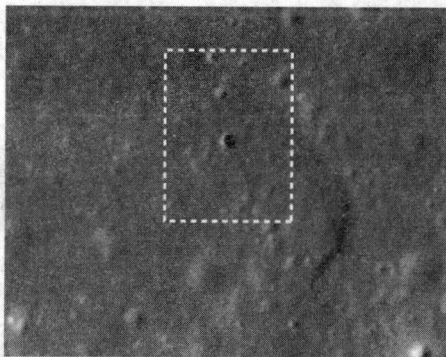

◆直径65米的垂直洞穴，可能直通巨大的地下熔岩隧道

这个就可以解释为什么月球阴暗区的还可以解释月球上巨大玄武岩平原的

形成原因。还有一点就是月球地心引力较小，使得喷发出的火山灰碎片能够落得更远。因而月球火山的喷发，只形成了宽阔平坦的熔岩平原，不像地球火山喷发后形成的火山锥。这个也是在月球上没有发现大型火山的原因之一。

因为月球上没有溶解水，所以月球的阴暗区是完全干涸的状态。而水在地球熔岩中则是激起地球火山强烈喷发的不可缺少的作用因素之一。因此，科学家作出结论认为水分的缺乏对月球的火山活动产生了巨大影响。具体来讲，正因为没有水，才使得月球的火山喷发不会那么强烈，熔岩可能是以一种平静的状态流畅地涌出地面。

◆月海盆地中的环形山，被喷发的熔岩所覆盖，形成了规模宏大的暗色熔岩平原

广角镜——月表发现疑似火山锥

◆月球上空的"月球勘测轨道器"

在 2010 年 9 月 16 日，美国宇航局"月球勘测轨道器"完成了第一阶段的月球勘测任务，这一任务胜利完成的那一刻便被称之为美国宇航局史上最成功的太空任务之一。尽管第一阶段任务取得了巨大的探测成果，但这并不意味着"月球勘测轨道器"的任务就此结束，相反这恰恰象征着新一阶段任务的开始，也就是科学研究任务阶段的开始。在以前的勘测任务阶段中，"月球勘测轨道器"成功获取了有关月球的

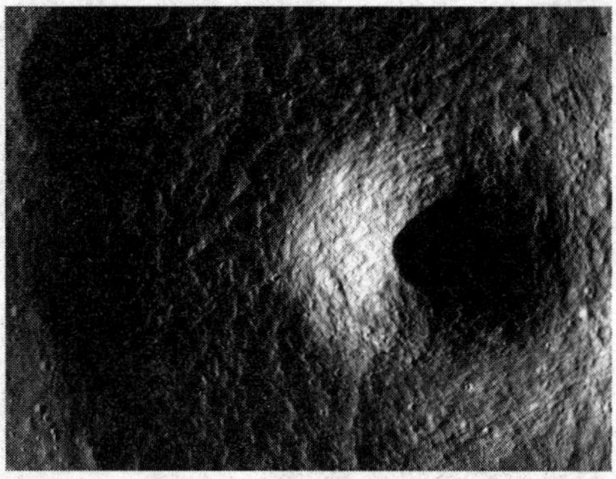

神秘的广寒宫——月球概览

大量的最新宝贵资料，拍摄了大量的高清晰月球照片，大大帮助了科学家们更加深刻、全面、细致地认识这位地球的神秘的邻居。

研究发现月球表面的坑并不都是由陨星撞击产生的。"月球勘测轨道器"在月球表面惊奇地发现了一个疑似火山锥。照片所示的这个地形几乎可以肯定是一个火山锥，它应该是由位于死亡湖中的一座火山所形成的。这个深坑的直径约为

◆月球火山锥

400米，形成时间大约在数十亿年前。如果它确实是一个火山锥的话，那么它存于月球火山活动的时候。那时月球可能还非常的年轻，月球火山活动也非常的活跃。在月球表面，还有其他一些地形可以肯定是火山地形。但是照片所示图像还无法完全确定它的真正身份。如果想要明确它的身份，唯一的方式就是登陆月球，进行实地考察。

它肯定不是一个好去处
——壮丽的荒凉

月球，一个美丽而神秘的地方。月球上的每一道山谷、每一块砂石都隐藏着难解的密码。

古往今来，居住在地球上的人们总是对这个白天消失得无影无踪而夜晚又闪亮登场，距离地球最近的邻居充满了好奇和想象。远古时代人们以对月亮浪漫至极的美妙幻想而自豪，时至今天人们则能够以科学严谨的理论观测和研究客观对待月球。远古的地球人类，一直把月亮看做阴柔秀美的女子。天空白天由光芒四射、阳刚壮气的男子主宰，而夜晚则由这个心地善良的女子主宰着，因此她也便有了一个官称——太阴。有一个美丽的传说，每当夜幕降临，太阴便会放出她的宠物——一只白色月兔，远远观看人间的万事万物。但是实际上月球是一个崎岖不平的世界，月面上到处都是凹坑和凸出物，崎岖蜿蜒。接下来就让我们来看一下这个崎岖不平的世界究竟是什么模样。

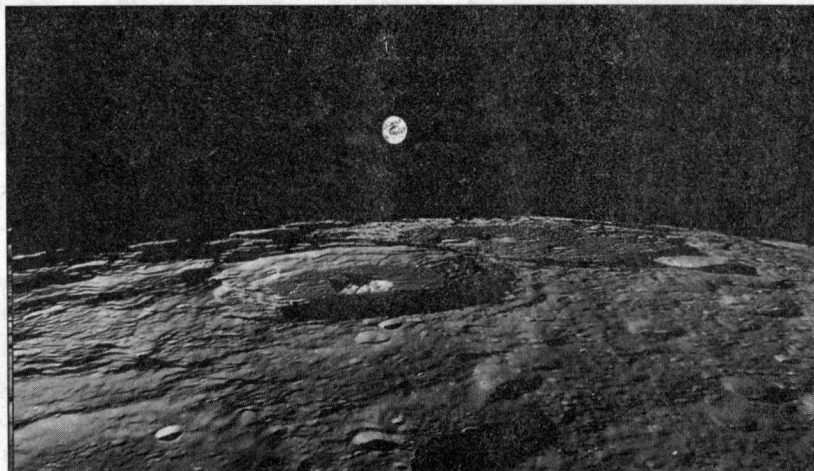

孔雀尾巴上的圆斑

"俱怀逸兴壮思飞，欲上青天揽明月"；"海上生明月，天涯共此时"，月亮在古人的心目中一直是一位"绝代佳人"，她洒下温柔的月光，抚慰人间寂寞的心灵，撩拨人间炙热的爱情。直到 17 世纪初，月亮才被人们发现了缺憾，人类发明的望远镜给她娇媚的脸庞"毁了容"。

1609 年，在受到荷兰眼镜商的启发下，意大利人伽利略制造了一台折射式天文望远镜，被观察物体可放大 32 倍。和现代高明的科技手段来比，放大的倍数并不算太高，但是在当时却使天文观测活动发生了质的跨越。伽利略将这台望远镜对准了月球，他看到了月球上高耸的山脉和广阔的洼地，还看到了奇特的环形山。在他之前，人们一直以为月球是一个冰清玉洁的光滑夜明珠，而他用望远镜看到的月球却像"蹩脚厨师烘烤出来的麻点蛋糕"、"孔雀尾巴上的圆斑"，是一个崎岖不平、坑坑洼洼的世界。

◆伽利略亲手绘制的第一幅月面图

◆月球表面

图解月球

◆高清月面图

伽利略经过观察后得出自己的观点,在月球上颜色较暗的地带是有水的地区,颜色较亮的则是山脉。于是他对月球做了这样精彩的描述:"月球是一个崎岖不平的世界,月面上到处都是凹坑和凸出物,参差不齐,崎岖蜿蜒。月球上被观测到的斑点是一些环形山,这正像我们居住的地球本身,巍然耸立的山脉和幽深的峡谷景色各具特点,不尽相同。"

1647年,由波兰天文学家赫维留斯所绘制的月面图被公认为是世界上第一张比较详细的月面图。图上测定了月面上的山峰高度,显示出许多月面特征。赫维留斯还提出了月海和山脉的命名方法。意大利天文学家里乔利在1651年发表了一幅月面图,给月面阴暗的平地起了很多浪漫的名字,如"静海"、"雨海"等,有很多至今还在沿用。后来还有许多科学家都绘制过具有历史影响的月面图,像德国天文学家迈耶、施勒特尔、洛尔曼、贝尔、梅德勒和施密特,还有英国天文学家尼森,他们还撰写过关于月球的专著。在1668年,英国伟大的科学家牛顿发明了反射望远镜,在这基础之上后来的天文望远镜就越做越大,分辨率也越来越高。到了1839年,两名法国人尼普斯和达盖尔发明了照相术,这一新技术立即引起天文界的广泛关注,并将照相术应用于月球的拍摄。1879年,德国天文学家施密特出版了一套25张的月面图,图册中月面上的各个亮区和暗区都非常清楚,记录下来的环形山多达32800多个。

注:用照相方法取得成片天空或全天的天体图像称为照相天图。

◆月球表面荒凉干燥

到19世纪末20世纪初，真正的照相天图开始问世。自此之后所有的月面图，便都以月球的照片为根据了。美国航天局在1979年出版了多达2304张照片的一套月面图，比例尺为1：250000，图片细致入微，可以称之为经典之作。

月球的真容

越是观察得仔细，人们就越想更加深刻地了解月亮，越是想知道月亮究竟是丑陋的还是美丽的。

人类首次用肉眼近距离地仔细观看月球，是在1968年12月24日"阿波罗－8"号第一次实现绕月飞行任务的时候。"阿波罗－8"号飞船在这一年圣诞节前一天进入了271.2千米×97.9千米的环月飞行轨道。

没有想到的是，月球——这

◆飞向月球

个在地球人心目中最美丽的女神，竟然长得如此丑陋。以致虽然对月亮脸谱已烂熟于心的航天员们，在首次亲眼目睹月球的苍凉时，心理准备仍然显得有些不足。

这是一段四十多年前地面控制中心与"阿波罗－8"号飞船宇航员的极有意思的一段对话。地面飞船通信官问道："从90多千米之外观看上去，古老的月球是什么样子？"

◆初探风暴洋

◆壮丽的荒凉

航天员洛弗尔回答："月球看上去基本上一片灰暗，没有什么色彩，像是熟石膏一样，又像是海滩上一种浅灰色的沙子"，"贫瘠的月面，无边的孤寂让人感到恐惧，并让我们更加深刻地意识到地球上是多么丰富多彩。"航天员博尔曼说："月球真的是一片不毛之地，它像一块被上百万颗子弹射击过的灰色钢板。"

"它肯定不像是一个人类工作和生活的好去处。"这就是第一批近距离目击者对可怜的月球的评价。

人类历史上第一个踏上月球的航天员是阿姆斯特朗，他站在月面上说出了"个人一小步，人类一大步"的名言，却竟想不出任何适当的词句来形容脚下的月宫，还是他的同伴奥尔德林为他摆脱了尴尬。奥尔德林使用的词汇是——"啊，壮丽的荒凉！"

名人介绍——第一个登上月球的美国航天员

尼尔·奥尔登·阿姆斯特朗，1930年8月5日生于美国俄亥俄州瓦帕科内达市，他从小学习刻苦认真，有个理想就是长大当一名飞行员。他14岁即开始接受飞行训练，16岁就获得飞行员证书，1949—1952年成为海军中最年轻的飞行员。1953年7月阿姆斯特朗服兵役期满后进入珀杜大学学习航空技术，毕业后在爱德华兹空军基地任试飞员，后来还参加过X—15火箭飞机的飞行计划，曾经先后进行过6次试飞，最高飞行高度纪录达到6万米。1962年9月，经过严格挑选，阿姆斯特朗成为首批从文职飞行员中征选的2名宇航员之一，从此以后就与航天事业结下了不解之缘。

◆尼尔·奥尔登·阿姆斯特朗

1969年7月16日阿姆斯特朗被任命为"阿波罗—11"号飞船的指挥官。他与另外两位年轻的宇航员迈克尔·柯林斯（1930—）和巴兹·奥尔德林（1930—）一起进行登陆月球的飞行。到达月球后，柯林斯停留在轨道上，阿姆斯特朗乘小鹰号月球着陆器登上月球表面，避开月球冰砾，在宁静海平稳着陆。阿姆斯特朗和奥尔德林在月球表面进行了2小时30分钟的活动，进行科学实验，并采集岩石和土壤样品，留下进行实验的科学设备与纪念他们着陆的徽章。他们于7月21日离开月球，7月24日返回地球。

后来，阿姆斯特朗被南加利福尼亚大学授予航空工程硕士学位，出版《首次登上月球》一书。并于1970年7月出任太空

◆阿姆斯特朗

总署航空学协会副会长。1971 年，阿姆斯特朗在俄亥俄州的辛辛那提大学工作，任航空工程学教授。1979 年，阿姆斯特朗离开辛辛那提大学。1985 年，阿姆斯特朗在国家太空委员会工作。

名人名言

阿姆斯特朗的名言

1969 年 7 月 20 日，一个名叫阿姆斯特朗的美国人向全人类报告了一条消息：鹰已经飞上了月球。当时所有听到这条消息的人，都知道他的脑子的确没出毛病，而且他报告的消息的确是事实。

阿姆斯特朗所说的当然不是一只普通的老鹰，而是美国的"阿波罗—11"号登月飞船。地球上的十几亿人通过电视实况转播，亲眼目睹了阿姆斯特朗缓缓地走下飞船，小心翼翼地把脚踏上了月球表面。"个人一小步，人类一大步！"（That's one small step for a man，one giant leap for mankind.）阿姆斯特朗的这句名言成了人类征服月球的伟大宣言。

特殊的天文现象——月食

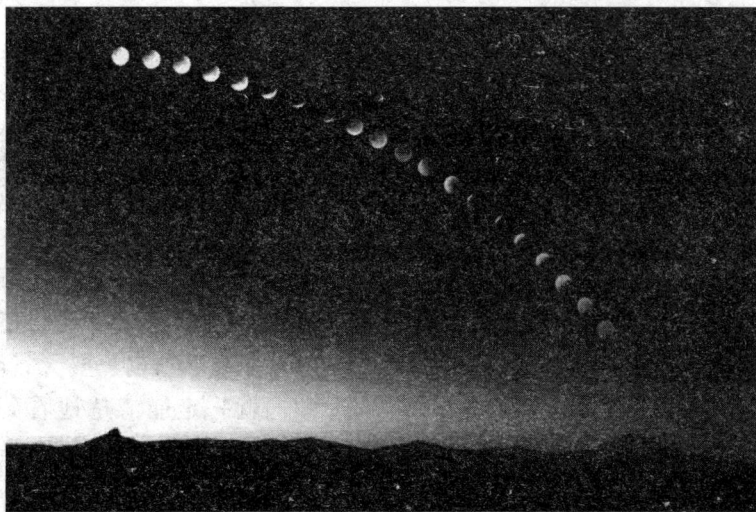

◆绝美的月食

古时候，人们不知道发生月食的科学道理，就像害怕日食一样，人们对月食也心怀恐惧。国外有这样一个传说，16世纪初，哥伦布航海到了南美洲的牙买加，与当地的土著人发生了冲突。哥伦布和

◆哥伦布登上新大陆

他的水手被当地居民困在一个墙角，没有食物和水，情况十分危急。懂点天文知识的哥伦布发现这天晚上要发生月全食，就向土著人大喊："再不

给我们拿食物来，就不给你们月光！"到了晚上，哥伦布的话应验了，果然没有了月光。土著人见状，个个诚惶诚恐，赶快给哥伦布拿去食物和水，化干戈为玉帛。故事讲到这里，你是不是很想知道：什么是月食？又为什么会出现月食这种现象呢？下面我们就来看一下吧。

月食的天文特征

◆天狗吃月亮卡通画

以地球而言，当月食发生的时候，太阳和月球的方向会相差180°，所以月食必定发生在"望"（即农历15日）前后。要注意的是，月食只能发生在满月的时候，这时，太阳、地球和月球成一条直线，整个月面被照亮，所以只要天气晴朗，我们就一定能清楚地看到这种壮观的景象。然而并不是每次满月都会发生月食，因为月球绕地球的轨道偏离了黄道约5°的交角，只有当满月时刻正好是月球在其轨道上穿过黄道平面时，才会发生月全食。

古代月食记录有时可用来推定历史事件的年代。中国古代对月食的迷信的说法又叫做"天狗吃月亮"。

月食的分类

月食可分为月偏食、月全食以及半影月食三种。当月球只有部分进入地球的本影时，就会出现月偏食；而当整个月球进入地球的本影时，就会出现月全食。至于半影月食，那就是指月球只是掠过地球的半影区，造成月面亮度极轻微的减弱，很难用肉眼看出差别，因此不被人们所注意。

每年发生月食数一般为2次，最多发生3次，有时一次也不发生。因

为在一般情况下，月亮不是从地球本影的上方通过，就是在下方离去，很少穿过或部分通过地球本影，所以一般情况下就不会发生月食。根据观测资料统计显示，每世纪中半影月食、月偏食、月全食所发生的概率约为36.60％，34.46％和28.94％。

切记：月环食不会发生。因为月球的体积比地球小得多。

◆壮观的月食过程

月食的过程和原理

正式月食的全过程分为初亏、食既、食甚、生光、复圆五个阶段。

初亏：标志月食的开始。月球由东缘慢慢进入地影，月球与地球本影第一次外切。

食既：月球的西边缘与地球本影的西边缘内切，月球刚好全部进入地球本影内。

◆初亏

◆月全食

食甚：月球的中心与地球本影的中心最近。

神秘的广寒宫——月球概览 ⟪⟪⟪⟪⟪⟪⟪⟪⟪⟪⟪⟪⟪

生光：月球东边缘与地球本影东边缘相内切，这时全食阶段结束。

复圆：月球的西边缘与地球本影东边缘相外切，这时月食全过程结束。

月球被食的程度叫"食分"，它等于食甚时月轮边缘深入地球本影最远距离与月球视经之比。

半影食终：月球离开半影，整个月食过程正式完结。

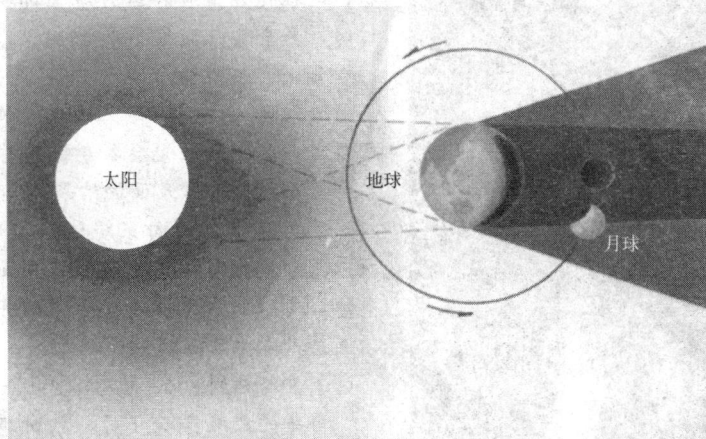

◆月食成因原理图

在农历每月的十五、十六，月球就运行到和太阳相对的方向。地球在背着太阳的方向会出现一条阴影，被称做为地影。地影分为本影和半影两部分。本影是指没有受到太阳光直射的地方，而半影则只受到部分太阳直射的光线。月球在环绕地球运行过程中有时会进入地影，这就形成了月食的现象。

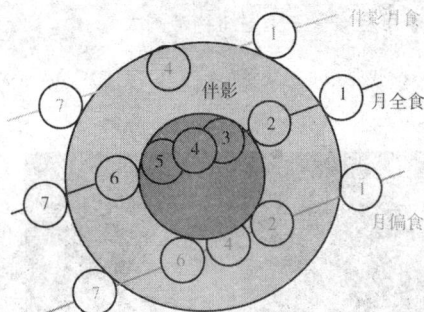

◆月食发生原理图

广角镜——月食的观测

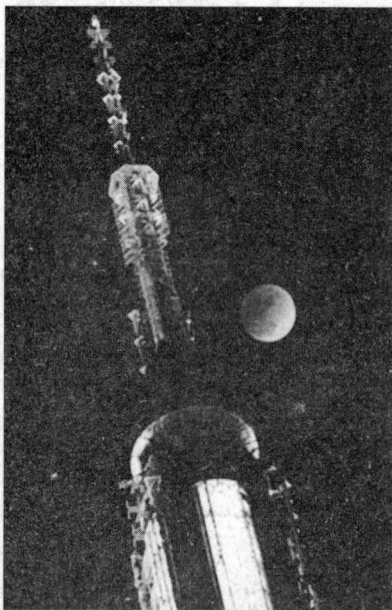

◆月全食——美国纽约帝国大厦

当月球的一部分从本影穿过时，就会看到满月渐渐缺了一块，又慢慢恢复回原状，这就是月偏食。当月球全部从本影穿过时，月全食就发生了。

月全食发生时，月球并不是为黑色，而是暗红色。这是因为太阳光经过地球大气层时，其中的红光会折射到地球身后的本影里而照到月球表面的结果。

因为月球自西向东绕地球缓慢运动，所以月食发生时，总是月球的东侧先进入本影，所以初亏总是发生于月球东侧，而复圆总是发生于月球的西侧。

工具与材料：

当年的天文普及年历，计时工具，望远镜（目视也可以）。

纸和笔。

活动过程

1. 在天文普及年历中查出本地月食的

◆正月十五的夜晚，首都北京的夜空上演了难得一遇的半影月食天像

◆观看月食

种类、日期和时间，熟悉本次月食的数据。

2. 以适当形式提前一周进行宣传，如墙报、黑板报、广播等。

3. 对天文小组先进行培训。计时工具要对照电台校准，精确到秒。

4. 准备好画有直径 3 厘米的若干圆圈的纸。

5. 提前进入观测场所，认真观测。无论用肉眼或望远镜观测都要记录月食发生的几个阶段的精确时间。可以多描绘月食发生过程中的图像，记下颜色及其时间。

人有悲欢离合，月有阴晴圆缺
——月球的运动与月相

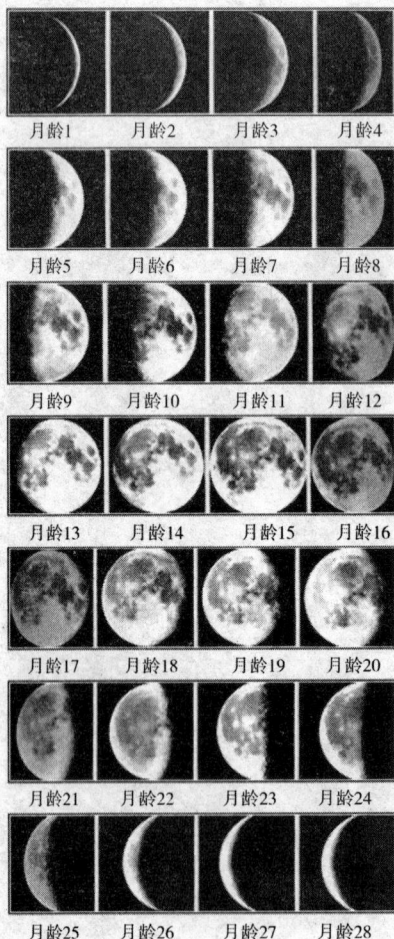

月龄1　月龄2　月龄3　月龄4
月龄5　月龄6　月龄7　月龄8
月龄9　月龄10　月龄11　月龄12
月龄13　月龄14　月龄15　月龄16
月龄17　月龄18　月龄19　月龄20
月龄21　月龄22　月龄23　月龄24
月龄25　月龄26　月龄27　月龄28

◆月相的变化规律

因为月球围绕地球每天在星空中自西向东移动一大段距离，所以人们在地球上看起来它的形状也在不断地变化着，这就是月球位相变化，叫做月相。"人有悲欢离合，月有阴晴圆缺"，这里的圆缺就是指"月相变化"：在地球上所看到的月球被日光照亮部分的不同形象。

那么，月相是怎么形成的呢？农历的初一为什么看不见月亮？当月球转到地球和太阳之间的时候，我们就看不见它了。这时的月相叫什么呢？

月球的运动

月球围绕地球不停地旋转叫月球的公转。月球的运动是自西向东的，它的轨道同所有天体的运动的轨道一样也是椭圆形的，月球围绕地球运动到距地球最近的一点叫做近地点，而运动到离地球最远的那一点叫做远地点。月球向西运动的证据就是它每次

神秘的广寒宫——月球概览 »»»»»»»»»»»»»»

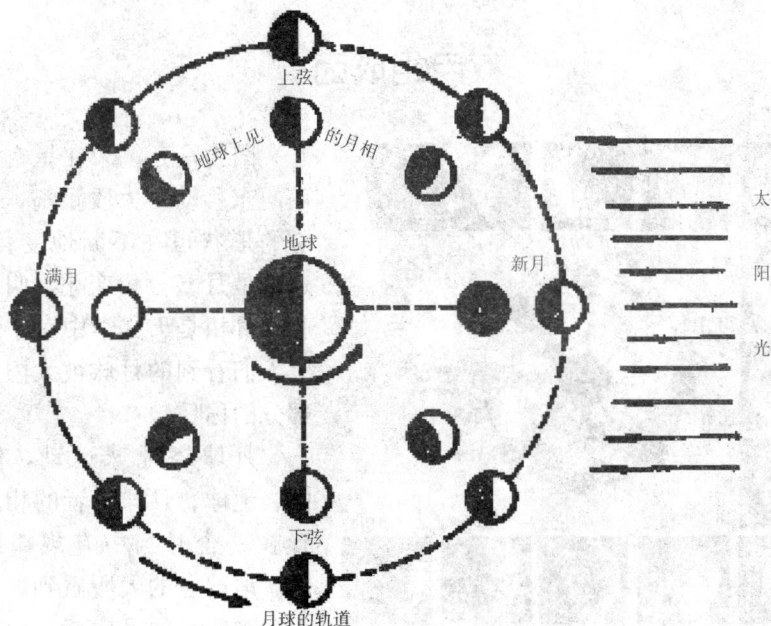

上弦

地球上见 的月相

地球

满月　　　　　　　　　　　　　　　新月

太

阳

光

下弦

月球的轨道

◆月相变化原理图

西沉的时刻平均要推迟 49 分钟，若相对恒星来说，它的运动周期约有
27.3 天，即在此时间内，它在空间运转 360°；但与此同时地球也一直不停
地绕日运转，因此月球要完成它的一个相位周期，即从新月开始经满月又
回到新月就应再增 2 天多，共计约 29.53 天。

　　因此月球的恒星运动周期约 27.3 天，叫恒星月；而相对日地连线的运
动周期约 29.53 天，叫朔望月；朔望月便是月份的依据。从地球眺望月球，
似乎觉得月球并没有自转，因为它总是以同一面向着地球的，因为总是看
到同样的斑点，也就是传说中的"吴刚砍伐桂树"；其实这一点正说明月球
在自转，其自转周期恰好与它的公转周期相等。假设月球公转周期与自转
周期相等，当月球经过它的轨道的四分之一时，它本身也自转了 90°的弧，
此时月球上的斑点这时恰好正对着地球了；反之，倘若月球不自转，那么
从地球上看月球的斑点，它将每月转动一周，就不会总是看到月球上同样
的斑点。

月相成因

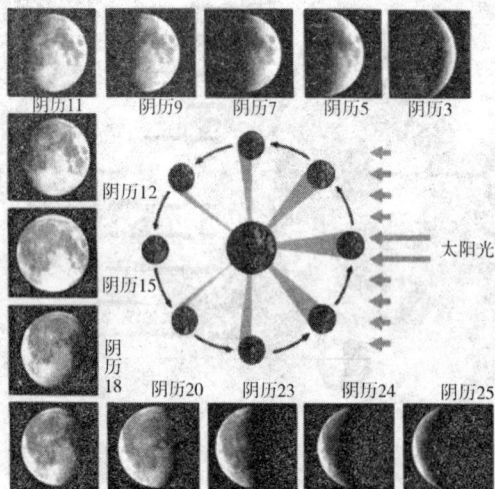

阴历11　阴历9　阴历7　阴历5　阴历3

阴历12

阴历15

阴历18　阴历20　阴历23　阴历24　阴历25

太阳光

◆月相

　　因为月亮每天在星空中自西向东移动一大段距离，所以它的形状也在不断地变化着，这就是月亮位相变化，叫做月相。月相是天文学中对于地球上人们看到的月球被太阳照明部分的称呼。

　　月球绕地球运动，使太阳、地球、月球三者的相对位置在一个月当中有规律地变动。地球上的人所看到的、被太阳光照亮的月球部分的形状也有规律地变化，从而产生了

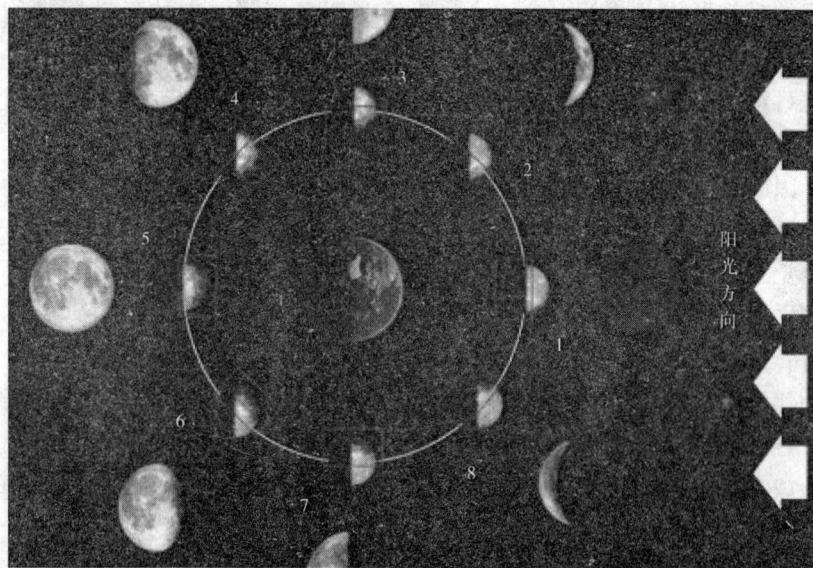

阳光方向

◆地月关系演示

神秘的广寒宫——月球概览

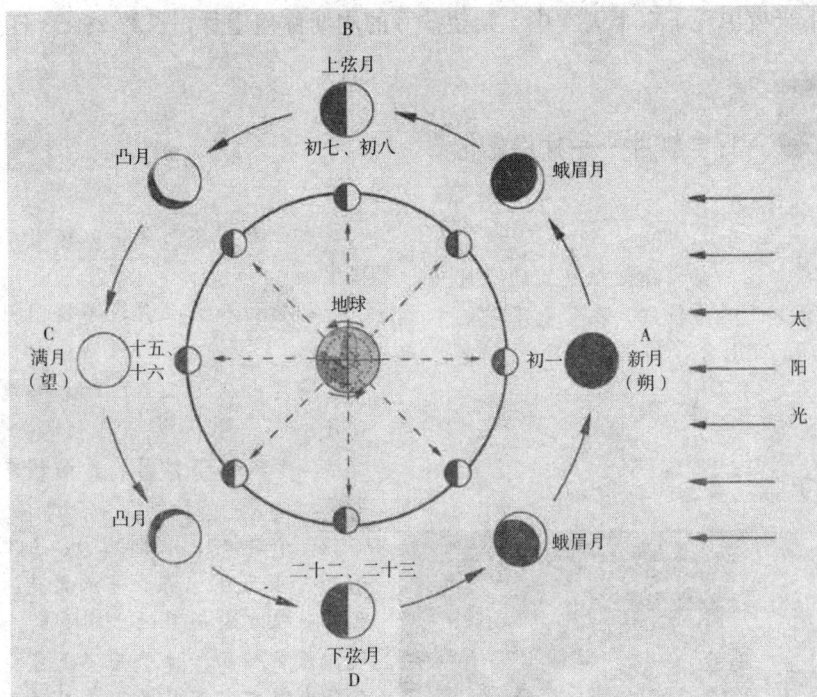

◆月球的各种位相

月相的变化。另一个原因是月球自身不会发光、也不透明。

月球环绕地球旋转运动时，地球、月球、太阳之间的相对位置在不断地变化。因为月球本身不发光，月球可见的发亮部分是反射太阳光的部分。只有月球直接被太阳照射的部分才能反射太阳光。我们从不同的角度上看到的月球被太阳直接照射的部分，这就是月相的来源。月相不是由于地球遮住太阳所造成的（这是月食），而是由于我们只能看到月球上被太阳照到发光的那一部分所造成的，其阴影部分是月球自身的阴暗面。

因为月球靠反射阳光发亮，所以月球与太阳相对位置的不同（黄经差），便会呈现出各种形状。如图所示，在位置 A，日月黄经差为 0°，即称朔或新月，这时月球以黑暗面朝向地球，并且几乎与太阳同时出没，所以在地球上无法见到月亮；在位置 B 时黄经差 90°，称上弦，月球呈半月形出现在上半夜的西边夜空中；在位置 C 时黄经差 180°，即是望或称满月，一轮明月整夜可见；在位置 D 时为下弦，黄经差 270°，这时的半月只

在下半夜出现于东半天空中。朔望盈亏的周期称朔望月，长约 29.53 日。

巧学妙用——月相变化歌

注：在朔和上弦之间的"月牙"称之为新月，在望和下弦之间的"月牙"称之为残月。

初一新月不可见，只缘身陷日地中。

初七初八上弦月，半轮圆月面朝西。

满月出在十五六，地球一肩挑日月。

二十二三下弦月，月面朝东下半夜。

一个口诀（方便记忆）：上上上西西、下下下东东——意思是：上弦月出现在农历月的上半月的上半夜，月面朝西，位于西半天空；下弦月出现在农历月的下半月的下半夜，月面朝东，位于东半天空。

◆观察月相的变化规律

月相更替

月球的表面是由岩石和尘土构成的，它和地球一样自己不会发光，因此我们看到的月球相位是月球反射阳光的部分，从每个月的新月开始，相位在一个月内的变化次序是：新月、上弦、望、下弦。在月内，自新月算起的时间长度叫月龄，如望的月龄为 14 天等。在新月的前后从地球看到的月球日照面呈娥眉状，上弦时可见到半幅月轮，而望的前后，月球的日照部分呈凸圆状，上弦月与下弦月不同，因为上弦时从地球上看到的是其月

神秘的广寒宫——月球概览

◆月相变化：（从右至左）蛾眉月、上弦月、盈凸月、满月、亏
凸月下弦月、残月

轮的西半幅，而下弦时见到的则是它的东半幅。

月球是地球的卫星，时刻不停地转动，而月球与太阳之间隔着一个地球，月球不停地绕地球旋转，当月球转到地球和太阳中间的时候，它被太阳光照亮的那一半正好背着地球，向着地球的是黑暗的一半，这时我们在地球上完全看不到月球，称之为"朔"或"新月"，也就是夏历每月初一。

月球继续朝前旋转，到了夏历初七、八，太阳落山，月球已经在头顶，到了半夜，月球才落下去，这时被太阳照亮的月球，恰好有一半被地球上的人们看到，称之为"上弦"月。到了夏历十五、

◆早晨六点的下弦月

十六，月球转到地球的另一面。这时地球在太阳和月球的中间，月球被太阳照亮的那一半正好对着地球，此时我们看到的是满月，或称之为"望"。由于月球正好在太阳的对面，所以太阳在西边落下，月亮则从东边升起，到了月球落下，太阳又从东边上升了。

满月以后，月球升起的时间一天比一天迟了，月球明亮的部分也一天比一天看到的小了，到了夏历二十三，满月亏去了一半，而且半夜才升上来，这就是"下弦"月。快到月底的时候，月球又将旋转到地球和太阳中间，在日出之前不久，残月才又由东方升起。到了下月初一，又是新月，开始新的循环。

万花筒——［新玩意］月相手表

神秘的月球一直令人们向往不已。这款手表采用全新的时间概念，使用月相的变化来表示时间，体现了人们情绪与月球循环之间的紧密关系。使用者也可以通过推动手表旁边的转换按钮以指针的方式来显示时间。这款手表由一块小太阳能电池供电。不仅环保，也暗示了太阳与月球的关系。

◆月相手表

教你一招——中秋摄月高手指点如何拍摄最佳月相

提到关于月亮的拍摄，很多初学摄影的朋友都会抱怨，为什么我拍的月亮就像一张大饼啊？一点细节都没有？的确，拍摄月亮是需要一些技巧的，一不小心就会拍成一张白饼。

拍摄月亮时，首先要注意的就是曝光。如果使用相机的平均测光，绝大多数会曝光过度。这是因为整体光线亮度不够，测光系统提高了曝光系数造成的。为了达到准确的曝光，我们可以使用这几种办法：

◆很多初学者会把月亮拍成白饼

◆使用点测光

◆大变焦拍月亮

◆使用望远镜

　　第一是设定正确的光圈。拍摄月亮不能使用很多相机默认的最大光圈（F2.8 或者 F2.0），一般情况下应该使用 F5.6 或者更小的光圈。

　　第二是使用点测光，对着月亮最亮的部分测光。这样可以尽量得到正确的曝光系数。

　　第三是调节。拍摄月亮通常需要降低 EV 值，一般应该减少 1 或者 2，要根据你拍摄时的情况来调节 EV 值的具体数值大小。按照不同的光圈和 EV 值拍摄，然后马上回放，根据结果进行调整再进行拍摄。这些在 DC 上都很容易实现，使得拍摄的成功率大大提高。

　　其次，我们还要考虑快门速度。如果光圈放在 F5.6 左右，快门速度一般应该放在 1/125S 或者更快一点。除了防止曝光过度，使用高速快门还有一个很重要的原因，就是月亮作为一个天体，它是在不断运动的。如果使用的快门速度太慢，会很容易拍模糊。（任何事情都不是绝对的，也有人用比较低速的快门拍到比较清晰的月亮。这都是和当时的天气和所使用的器材相关的）

《解码科学》系列　　· 57 ·

◆开闪光灯后

　　最后是 ISO 感光值和变焦的选择。拍摄月亮一般要选择最小的感光值，ISO50 或者 ISO100 都可以。ISO 过高除了会使曝光过度，也会使画面变得粗糙。

　　变焦则是选择值越大越好。这个道理很简单，越大变焦拍到的月亮就越大嘛。不过需要注意的是，变焦越大，越容易发生因手抖而拍得比较模糊的情况。所以拍摄月亮最好使用三脚架。很多天文爱好者为了更好地拍摄月亮，自己 DIY 了很多天文望远镜安装在 DC 上使用，拍出的月亮也是很不错的。（但同样使用高倍数变焦也有缺点，就是越大的变焦色散情况就越严重。尤其是用改装价格便宜的高倍数望远镜拍摄）

　　以上的这些技巧都是针对全手动的相机来说的，那些没有快门和光圈调节的傻瓜机如果想拍月亮恐怕就显得有些困难了。这时候通过打开闪光灯的方式来提高快门速度，也算是一种有效的补救方法。同时，降低 EV 值也可以在一定程度上提高快门速度。

人类美丽的幻想
——关于月亮的神话传说

在中国古代神话中，关于月亮的故事多得数不胜数。

中国有关月亮的记载，最早是出现于帝俊的神话中，《山海经·大荒西经》说："帝俊妻常羲，生月十有二，此始浴之。"帝俊是殷商民族神话中的人物，仅《山海经》的《大荒西经》有零星的记载，除此以外，任何古籍再无记载。从"帝俊生后稷"的记载看，帝俊的神话已经相当晚了，大概是在文字发明的时期，根本不能与盘古开天地还有女娲补天的神话相提并论。

再说，帝俊之妻常羲，实际上常羲就是嫦娥，很明显，它综合了嫦娥的神话。那么，嫦娥是什么时代的神呢？这条线索比较明显，"天地分离"之后，天上出现了十个太阳，然后才有后羿射日及嫦娥奔月之说。可见月亮神话在中国整个神话系列中，出现的时期很晚，大约是在"天地分离"、"大洪水"之后才有了关于月亮的记载。

下面就来看一些脍炙人口的关于月亮的神话传说吧！

◆盘古开天

◆女娲补天

嫦娥奔月

◆后羿射日

◆嫦娥奔月

嫦娥奔月是远古神话，也是我国十大古代爱情故事之一。嫦娥是怎样奔月的呢？在古书上有种种不同的说法。

根据《淮南子》的记载，后羿到西王母那里去求来了长生不死之药，嫦娥却将其全部偷吃了，然后逃到月亮上去了。嫦娥奔月后，很快就后悔了，她想起了丈夫平日对她的体贴和人世间的温情，相比在月宫里的孤独，倍觉凄凉。

《淮南子·外八篇》中说，羿从西王母处请来不死之药，逢蒙听说后前去偷窃，偷窃不成就要加害嫦娥。情急之下，嫦娥吞下不死药飞到了天上。由于不忍心离开后羿，嫦娥便滞留在月亮之上的广寒宫。广寒宫里寂寥难耐，于是就催促吴刚砍伐桂树，让玉兔捣药，想配成飞升之药，好早日回到人间与后羿团聚。羿听说嫦娥奔月之后，痛不欲生。

月母被二人的真诚所感动，于是允许嫦娥每月在月圆之日下界与羿在月桂树下相会。

链接：神话人物——嫦娥

嫦娥是远古时代人们想象中的一个神话人物，原型是谁尚有争论。东汉之前，无任何资料显示嫦娥与后羿是夫妻关系，直到东汉高诱注解《淮南子》才指出嫦娥是后羿的妻子。羿的妻子姮娥慢慢演变为传说中的嫦娥，也就成了后羿的妻子。自古以来都有学者认为，称为"羿"的有多个，且处于不同时期，也就难以判断嫦娥是何时人物。

有人认为嫦娥是月亮女神嫦羲的后裔，也称"姮娥"、"常娥"，美貌非凡。姮娥是尧帝时期的神射手大羿的妻子。

有人认为嫦娥就是嫦羲。"姮娥"原先写成"恒娥"，就如《山海经·大荒西经》

◆神话人物——嫦娥

所记载"生月十有二"之常义。古音读羲为娥，就逐渐演变为奔月之常娥。《文选》注两引《归藏》，都有描述说常娥服不死药奔月。知常娥神话古有流传，并不是开始于《淮南子》。又《淮南鸿烈集解》引庄达吉云："姮娥，诸本皆作恒，唯《意林》作姮，《文选》注引此作常，淮南王当讳恒，不应作恒，疑《意林》是也。"汉文帝名恒故讳之，知姮娥作恒娥，而恒亦即常之意。《集解》又引洪颐煊云："《说文》无姮字，后人所造。"

吴刚伐桂

◆吴刚伐桂

神话传说中月亮上的吴刚因触犯天条遭到天帝惩罚到月宫砍伐桂树，那些树随砍就立即恢复原样，天帝便以这种永无休止的劳动作为对吴刚的惩罚。

相传在月亮上有一棵高五百丈的月桂树。汉朝时有个叫吴刚的人，醉心于仙道而不专心学习，因此天帝震怒，便把他拘留在月宫，命令他在月宫伐桂树，并说："如果你砍倒桂树，就可获仙术。"吴刚便开始伐桂，但吴刚每砍一斧，斧头再举起时树的创伤就马上愈合，日复一日，吴刚伐倒桂的愿望仍未达成，因此吴刚在月宫常年伐桂，始终砍不倒这棵树，因而后世的人得以见到吴刚在月中无休无止砍伐月桂的形象。

词赏析——吴刚伐桂

（一）

吴刚三载学仙道，怨妻不忠杀伯陵。
炎帝盛怒受责罚，外遣月宫伐桂树。

辛苦劳作终无果，委身高处促心寒。
蟾蜍玉兔始相依，攀折桂花酿美酒。

（二）

年复年，日复日，砍不断的树，砍不尽的孤独。
一遭走错，终身弥补。莫！莫！莫！

◆传说中的吴刚

◆吴刚伐桂图

唐明皇梦游月宫

传说，有一年八月十五之夜，唐明皇做梦游历了月宫，当他飘飘然地游历到月宫门前时，抬头看见月宫上方悬挂着一块巨幅牌匾，匾上写有"广寒清虚之府"六个大字，他好奇地走了进去。走进月宫以后，唐明皇立即被眼前的情景惊呆了，他看见数百名仙女，个个如花似玉，美丽动人，她们正舞动着洁白如玉的长袖，在云雾缥缈的天空，伴着美妙的音乐，翩翩起舞。唐明皇看到仙

◆唐玄宗李隆基与杨玉环

唐明皇梦游月宫时，见金碧辉煌宫府，额书"广寒清虚之府"，醒后将梦中看到广寒清虚之府情景告诉群臣，很快流传朝野，后人因而美称月亮为"广寒宫"。

女一个个体态轻盈，舞步优美动人，便越看越不想离去。在他兴致高昂，情趣正浓之时，不觉已经醒来，原来只是一场美梦。但唐明皇一直难以从这场美梦中醒悟过来，后来竟"以梦当真"，念念不忘梦中的一切。他命令皇宫中的宫女总管，根据自己的记忆，设计并排练了一套模仿月宫仙女表演的霓裳羽衣舞曲。到每年八月十五，都要摆上供品，赏月祭月，同时观赏宫女表演的优美舞曲，引得朝中文武百官竞相效仿，后来又传至全国各地，使人们对月亮产生了更多的向往，也促使每年八月十五过中秋佳节这一风气逐步盛行，后来形成了与端午、春节齐名的中国民间三大节日。

◆霓裳羽衣舞

万花筒

霓裳羽衣舞

唐代最著名的舞蹈之一，相传唐代皇帝玄宗擅长音律，一日梦游月宫仙境目睹众多仙女身着彩云般美妙的服饰在天宫中曼舞轻歌。梦醒之后谱出音律，交予爱妃杨玉环编排了这部名传百世的轻歌妙舞。

朱元璋与月饼起义

中秋节吃月饼的习俗相传始于元代。当时，中原广大人民不堪忍受元朝统治阶级的残酷统治，纷纷起义抗元。朱元璋联合各路反抗力量准备起义。但元朝官兵搜查得十分严密，传递消息十分困难。军师刘伯温便想出一个计策：命令属下把藏有"中秋夜杀鞑子迎义军"的纸条藏入饼子里面，再派人分头传送到各地起义军中，通知他们在八月十五晚上

◆朱元璋与月饼起义

起义响应。到了起义的那天，各路义军一齐响应，起义军如星火燎原。起义成功了。后来徐达攻下元大都，消息传来，朱元璋高兴得连忙传下口谕，在即将来临的中秋节，让全体将士与民同乐，并将当年起兵时用以秘密传递信息的"月饼"，作为节令糕点赏赐群臣。此后，"月饼"制作越发精细、品种更多，成为馈赠佳品。中秋节吃月饼的习俗便在民间传开了。

历史人物：明王朝开国皇帝：朱元璋

◆朱元璋

朱元璋是明王朝的开国皇帝。原名重八，后取名兴宗。汉族，濠州（今安徽凤阳县东）钟离太平乡人，25岁时参加郭子兴领导的红巾军反抗蒙元暴政，龙凤七年（1361）受封吴国公，十年后自称吴王。元至正二十八年（1368），在基本击破各路农民起义军和扫平元的残余势力后，于南京称帝，国号大明，年号洪武，建立了全国统一的封建政权。朱元璋统治时期被称为"洪武之治"。朱元璋死后葬于明孝陵。

朱元璋出身贫寒，也没有很高的文化，但却勤奋好学，后来终成中国历史上一位很有作为的英明帝王和伟大的政治家。民间关于他的传说很多，所以他也是一位传奇皇帝。

我们知之甚少的月球奥秘

——月球的相关探讨

月球是地球的唯一卫星，由于月球绕轴自转的周期与绕地球公转的周期相同，都是 27.3 天，所以几十亿年来，月球总是以同一面对着地球，人们常只能看到月貌的 48％，它的背面到底是什么样子就成为人类文明史上的千古哑谜。直到 1959 年 10 月，苏联的"月球 3 号"探测器拍到了月背的第一批照片，才使人类看到了月背的概貌。但是随着观测的深入，今天的月背之谜比过去更多、更复杂了。这主要是月背与月球正面的显著差异，令人迷惑不解。为什么会造成月球正面与背面显著的差异呢？另外，月球究竟是怎么形成的？月球有磁场吗？月球真的是空心的吗？月球与人类活动有什么玄妙的关系呢？让我们就在本章来探讨一下吧！

月球的前世今生
——月球起源探讨

对于月球的起源，科学家提出的3种理论，它们全都有缺陷。但是"阿波罗"计划的成功实施却有助于证明，其中看来可能性最小的理论是最佳理论。有些科学家认为，月球是和地球一起，于46亿年以前，从一团宇宙尘埃中生成的。另一种理论认为月球是地球的"孩子"，也许是从太平洋地区"抠"出去的。月球的起源莫衷一是：对于月球的起源，大致有三个大的派别，但至今仍未定论。下面就来具体看一下吧。

◆月球的背面

分裂说

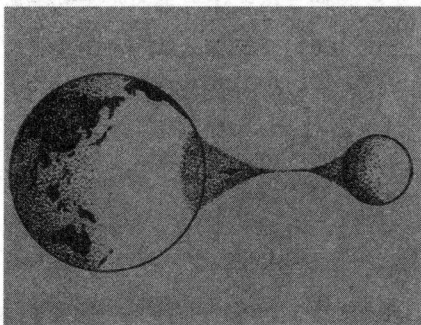

◆地月分裂说图

这是最早解释月球起源的一种假设。早在1898年，著名生物学家达尔文的儿子乔治·达尔文就在《太阳系中的潮汐和类似效应》一文中指出，月球本来是地球的一部分，后来由于地球转速太快，把地球上一部分物质抛了出去，这些物质脱离地球后形成了月球，而遗留在地球上的大坑，就是现在的太平洋。这一观点很快就受到了一些人的反对。他们认为，以地球的自转速度来讲是无法将那么大的一块东西抛出去的。再说，如果月球是地球抛出去的，那么地球和月球的物质成分就应该是一致的。可是通过对"阿波罗－12"号飞船从月球上带回来的岩石样本进行化验分析，发现二者相差甚远。

名人介绍——英国天文学家：乔治·达尔文

◆乔治·达尔文

乔治·达尔文（1845—1912年），英国著名生物学家、"进化论"创始人达尔文之子，是英国剑桥大学的一位天文学家。他在研究地球和月球之间的潮汐影响时，注意到由于潮汐作用，地球的自转速度在逐渐变慢，月球在逐渐远离地球。他由此推断月球在远古时一定离地球非常近。达尔文在1879年发表了题为《太阳系中的潮汐和类似效应》的文章，提出月球在形成之前是地球的一部分。他认为，在太阳系形成初期，地球还处于熔融状态时，地球的转速相当高，以至于有一部分物质被从赤道区甩了出去。后来，这部分物质演化成为今天的月球，甚至还认为太平洋就是月球分出去后留下的疤痕。

有不少人支持达尔文的观点。据计算，月球的物质刚好能填满太平洋。支持者们认为，分裂出去的是上地幔的构成物质，因此月球没有像地球那样的金属核，密度与地壳接近也就变得合情合理了。另外，现代激光测距定出月球每年远离地球5厘米，因而在遥远的过去，月球确实离地球近多了。

俘获说

这种假设认为，月球本来只是太阳系中的一颗小行星，偶然有一次，因为运行到地球附近，被地球的引力所俘获，从此再也没有离开过地球。还有一种接近俘获说的观点认为，地球不断把进入自己轨道的物质吸积到一起，久而久之，吸积的东西越来越多，最终形成了月球。但也有人指出，像月球这样大的星球，地球恐怕没有那么大的力量能将它俘获。

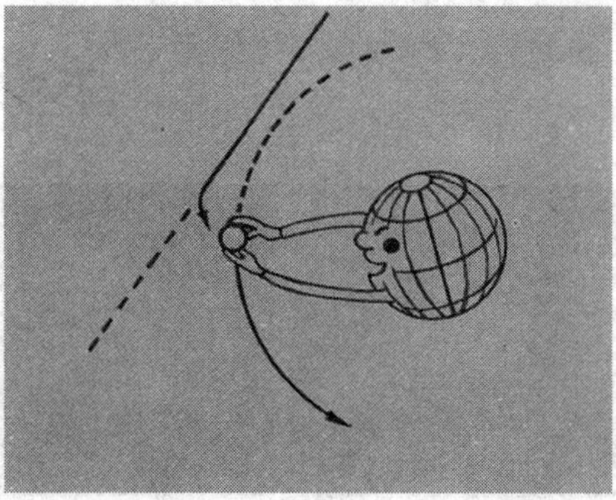

◆地月俘获说图

同源说

这一假设认为，地球和月球都是太阳系中浮动的星云，经过旋转和吸积，同时形成星体。在吸积过程中，地球比月球相应要快一点，成为"哥哥"。这一假设也受到了客观存在的挑战。通过对"阿波罗－12"号飞船从月球上带回来的岩石样本进行化验分析，人们发现月球要比地球古老得多。有人认为，月球年龄至少应在70亿年左右。

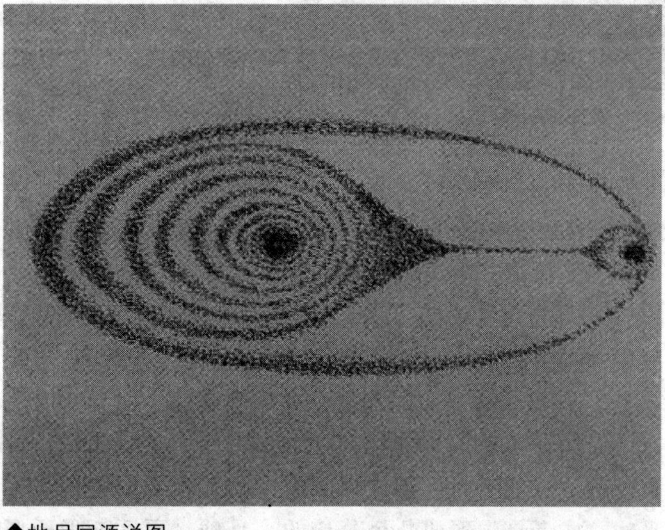

◆地月同源说图

大碰撞说

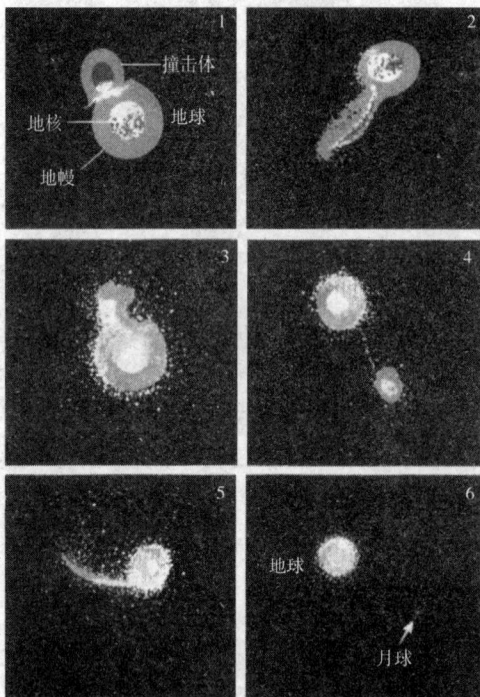

◆计算机模拟月球形成过程

这是近年来关于月球成因的新假设。1986 年 3 月 20 日，在休斯敦约翰逊空间中心召开的月亮和行星讨论会上，美国洛斯阿拉莫斯国家实验室的本兹、斯莱特里和哈佛大学史密斯天体物理中心的卡梅伦共同提出了大碰撞假设。这一假设认为，太阳系演化早期，在星际空间曾经形成大量的"星子"，星子通过互相碰撞、吸积而长大。星子合并形成一个原始地球，同时也形成了一个相当于地球质量 0.14 倍的天体。这两个天体在各自演化过程中，分别形成了以铁为主的金属核和由硅酸盐构成的幔和壳。由于这两个天体相距不远，因此相遇的机会就很大。一次偶然的机会，那个小的天体以每秒 5 千米左右的速度撞向地球。剧烈的碰撞不仅改变了地球的运动状态，使地轴倾斜，而且还使那个小的天体被撞击导致破裂，硅酸盐壳和幔受热蒸发，膨胀的气体以极大的速度携带大量粉碎了的尘埃飞离地球。这些飞离地球的物质，主要由碰撞体的幔组成，也有少部分地球上的物质，撞击体与幔比例大致为 0.85：0.15。在撞击体破裂时与幔分离的金属核，因受膨胀飞离的气体所阻而减速，大约在 4 小时内被吸积到地球上。飞离地球的尘埃和气体，并没有完全脱离地球的引力控制，它们通过相互吸积而结合起来，形成全部熔融的月球，或者是先形成几个分离的小月球，再逐渐吸积形成一个部分熔融的大月球。

我们知之甚少的月球奥秘——月球的相关探讨

A　月球从撞击抛出物聚集
　　而开始形成

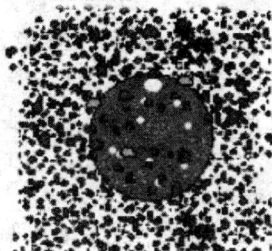

B　热物质聚集形成后期，外层
　　熔融为岩浆海，冷凝为月壳。

C　严重陨击开掘出大盆地，
　　最早的是南极区的盆地。

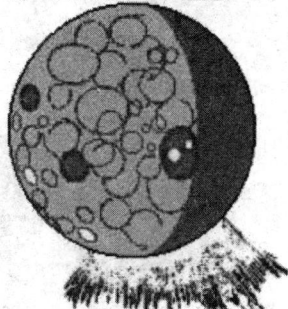

D　接着，陨击形成酒海
　　和其他盆地。

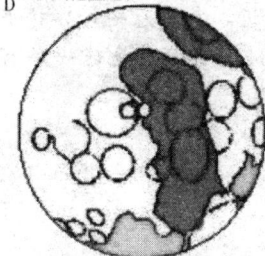

E　随后，陨击形成雨海盆地。

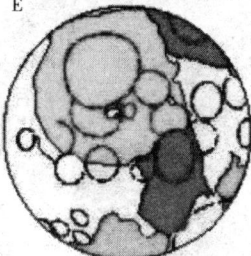

F　再后，陨击形成东海盆地。

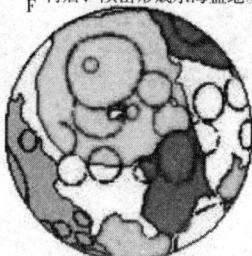

G　月海玄武岩喷发，填充陨击盆地。

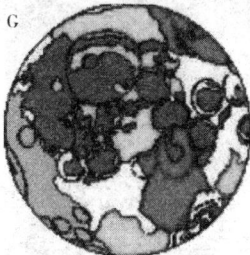

H　近30亿年来，仅有少数小陨击，
　　形成有辐射纹的
　　第谷坑和哥白尼坑。

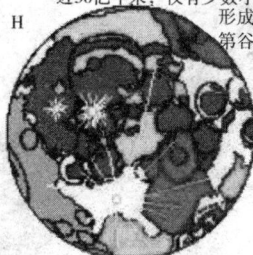

◆月球形成过程

知识库——地轴倾斜

有一个很权威的理论这样解释地球自转和地轴倾斜：

在地球形成的早期，地球只是一颗小行星，它靠自身的引力不断俘获外来天体壮大自己的实力，而外来天体相对于地球都在高速运动着，所以俘获的过程就

图解月球

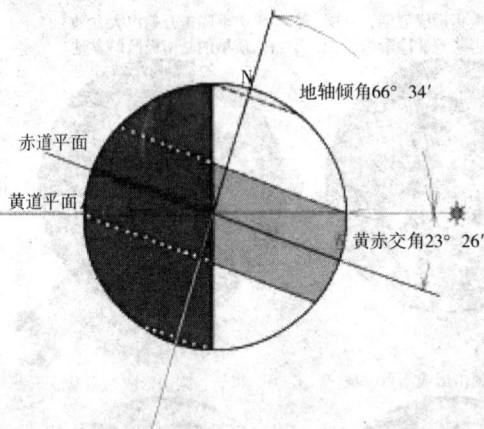

地轴倾角66° 34'

赤道平面

黄道平面

黄赤交角23° 26'

◆倾斜的地轴

是地球和其他星体剧烈碰撞的过程。碰撞有侧面撞击和正面撞击，最大的一次撞击大约发生在45亿年前，一颗体积很大的小行星从侧面撞击了地球，使地球旋转起来，撞出去的小行星和物质形成了月球，撞击留下的大坑就形成了今天的海洋。

对地球来说月球特别重要，如果没有月球，地球就会摇摆不定，甚至颠倒。月球的引力它使地轴指向北极星附近，并使地轴与公转平面保持66°34'，并且使地球一年有了四季。

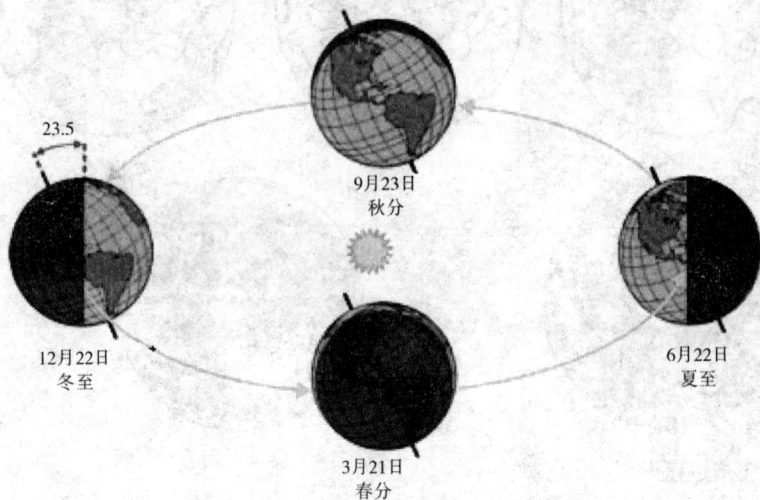

23.5

9月23日
秋分

12月22日
冬至

6月22日
夏至

3月21日
春分

◆地球的倾斜产生了季节

月球也"八卦"
——月球起源新说

月球来自哪里？这是一个人们在不断探究的问题，近年来，随着现代电脑技术的广泛应用以及行星演化理论的飞跃发展，又出现了一种月球起源的新学说，叫做新俘获说。但这之前，还有外星人一说。

◆神秘的月球

人造月球

◆月球中心真是空的吗？

有些科学家认为月球中心是空的，月球有可能是外星人建造的聚集地或驾驶的飞船。俄罗斯科学家提出一个令人震惊的"太空船月球"理论来解释月球起源。他们认为月球事实上是一颗经过某种智慧生物改造过的星体，加以挖掘改造形成太空船，其内部载有许多该文明的资料，

月球并不是地球的自然卫星。月球是被有意地放置在地球上空的，因此所有关于月球的神秘发现，全是至今仍生活在月球内部的高等生物的杰作。

从行星演化看月球起源

近几年来，科学家们以现代行星演化理论为基础，用计算机计算了在太阳系形成初期，作用于太阳、地球、月球三者之间的力以后，得出了一种新的月球起源学说。科学家们认为，月球是在地球形成的初期，在地球的引力范围内被地球所俘获的；而这种现象在当时又是极为普遍的现象。这种新学说，即所谓新俘获说。

新俘获说与过去的旧俘获说不同。新俘获说是从整个太阳系行星的形成过程来研究月球起源的，而旧说仅从地球引力来考虑月球起源。新说认为太阳系八大行星及若干卫星，包括月球在内，都起源于原始太阳系星

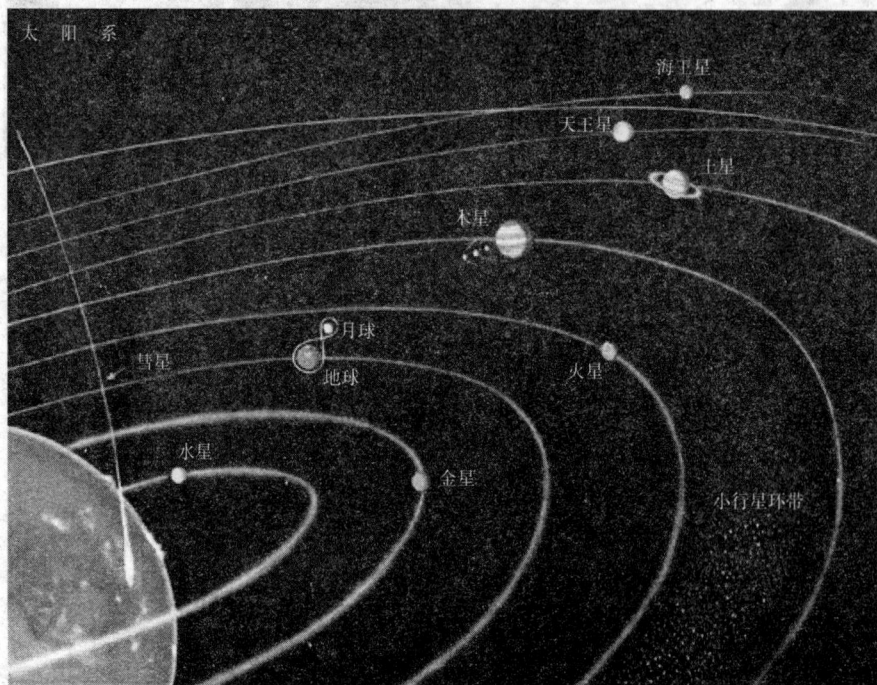

◆太阳系八大行星示意图

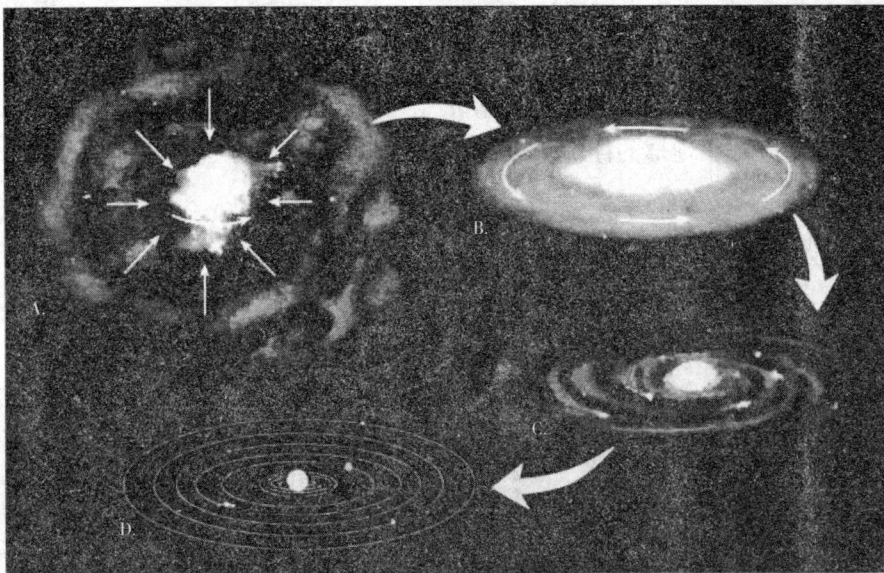

◆原始太阳系星云示意图

云。原始太阳系星云是 46 亿年前在原始太阳周围形成的一团薄圆盘状星云。星云中含有固体微粒子。大量微粒子逐渐集聚在星云赤道平面上，形成一片很薄的固体粒子层。随着微粒子密度的加大，自身引力也越来越强，到一定程度其稳定性便遭到破坏，粉碎成半径为 5 千米左右的很多小天体，即小行星。

◆原始大气想象图

整个太阳系起初是由约一兆个小行星构成的。无数小行星在星云气体中围绕太阳旋转，互相碰撞，逐渐凝聚成长，从而形成大小不同的行星。我们的地球就是这样，大约经过一千万年才长成现在这么大的。

　　行星是在星云气体中成长的。地球的幼年时期周围覆盖着浓厚的星云气体，这种气体叫做原始大气。由于当时太阳活动特别剧烈，强大的太阳风逐渐吹散原始大气，后来包围地球的原始大气也逐渐变得稀薄，甚至飘散掉。

月球的形成也起源于原始太阳系星云，月球与地球演化过程大体相同。月球是在地球刚到成年，原始大气开始逸散之际飞进地球引力圈的，这样月球便成了地球的俘虏。

点击——俘获月球的四种力

◆地球引力

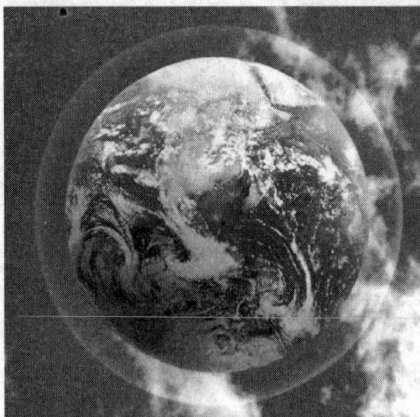
◆大气阻力

月球进入地球引力圈后，是受到很多外力的作用才留在卫星轨道上绕行的。俘获月球的力主要有四种，即地球引力、太阳引力、原始大气的阻力和潮汐力。

一般来说，飞进地球引力圈的小天体，包括月球在内受到最大的力就是地球引力。然而，仅有地球引力，俘获后的小天体轨道未呈椭圆形。地球引力加上太阳引力之后，使小天体轨道有了改变。在地球和太阳引力的共同作用下，进入地球引力圈内的小天体的轨道也并不完全是椭圆形的，而且飞行若干周之后必然脱离引力圈跑掉，不可能留在卫星轨道上。

但是，月球并未脱离地球引力圈跑掉，这是由于原始大气的阻力在起作用。地球引力圈内的原始大气阻力对飞来的月球起了急剧的制动作用，使月球失去一部分能量，轨道半径变小，便跑不掉了。

如此说来，月球因受大气阻力作用轨道半径越来越小，岂不是早晚也得掉到地球上来，与地球相撞吗？不必担心，当月球飞进地球引力圈时，原始大气已开始逐渐飘散，月球所受的大气阻力越来越小，原始大气消失后，月球所受阻力也随之消失，因而轨道半径没有变小，所以最终不会与地球相撞。

大气阻力消失后，还有潮汐力在起作用。在潮汐力的作用下，月球公转速度加快，离心作用强化，轨道反而向外推移。通过观测得知，目前月球轨道半径事实上每年大约增加 3 厘米。

◆潮汐力

在上述四种力的作用下，使月球在被俘后既未掉到地球上来，也没跑到引力圈外去，始终在卫星轨道上运行，与地球长期相伴。

月球磁场出什么事了
——月球磁场的存在与消失

　　要研究月球内部构造，月球磁场的性质可以提供重要的依据，因而月球磁场的性质备受月球科学家们的关注。那么，月球会不会像地球一样也有磁场呢？月球现在没有全球性的偶极磁场。然而，在采集回来的月球岩石样品中却发现月岩具有天然的剩余磁化组分，这就表明月球在历史上可能曾经有过一个全球性的磁场。

月球磁场的形成

现有理论认为，行星内部的构造运动是行星磁场的形成主要原因。太阳系中大多数的星球都拥有自己的磁场，对于以地球为主要代表的行星种类来说，磁场由于其内核的运动而产生，地球磁场能保护人类免受太阳风的伤害；对于以火星为代表的另一类行星来说，磁场的出现与其过去的活动情况相关。

◆月球南极阴影

早期的月球专家因此断言，月球的磁场应该极弱甚至根本没有。如果磁场曾经存在，月球就应该有个铁质的核心，但当时的证据显示，月球不可能有这样的核心，且月球也无法从临近天体获得磁场。以地球为例，月球必须距离地球足够近才能"借"到地球磁场，但此时月球也就会被地球引力所撕碎。然而月岩的标本给了持有此种观点的科学家一

◆76535号月岩标本

个巨大的打击，标本显示出月岩曾被很强的磁场磁化，而科学家无法解释这些强磁场的来源，争辩双方为此长期争论不休。

有些人认为，38亿年～32亿年前，月球曾经有一个熔融的月核，可以产生全球性的磁场。另一些人则认为，在40亿年～38亿年前，月球经历过一次大的变动，曾使岩石加热到居里点（大约780℃）以上，当岩石冷却到居里点以下后，在一个数千伽马的磁化磁场中，岩石被磁化，从而获得了剩磁。还有一些人认为，月岩的磁场是在地球磁场或太阳风的作用

◆月球勘探者（Lunar Prospector）

下产生的。

　　1998 年由美国发射的月球勘探者号探测器利用其携带的磁力仪和电子反射谱仪，测量了月球的磁场强度和分布，根据测量结果的显示，一些科学家推断月球的磁性是由撞击形成的。这一新的观点大大加深了月球磁场的性质与成因理论的研究。

知 识 窗

居里点

　　居里点也称居里温度或磁性转变点，是指材料可以在铁磁体和顺磁体之间改变的温度，即铁电体从铁电相转变成顺电相引的相变温度。也可以说是发生二级相变的转变温度。低于居里点温度时该物质成为铁磁体，此时和材料有关的磁场很难改变。当温度高于居里点温度时，该物质成为顺磁体，磁体的磁场很容易随周围磁场的改变而改变。

广角镜——月球勘探者

"月球勘探者"是新型的行星际探测器，和以前的探测器相比它具有更高的可靠性和更低廉的造价。飞船上携带了五件科学探测仪器，它的整个研发过程仅用了一年零十个月的时间。

探测器由美国著名的军工企业洛克希德·马丁公司制造。整架探测器很像一个陀螺，体积非常小，装满燃料后仅重 295 千克，仅仅是一辆轿车重量的四分之一。

1998 年 1 月 6 日，"月球勘探者"飞船发射升空。105 个小时后，飞船到达月球，开始围绕月球的极地轨道运行。勘探者飞船的主要任务是探测月球上是否存在水冰，并绘制月球表面的引力图。

同年 3 月 5 日，美国宇航局的科学家宣布，月球勘探者传回的数据表明月球上存在水冰，估计在月球两极存在 1100 万吨至 3.3 亿吨的水冰。

◆ "月球勘探者"

月球磁场的分布

根据电子反射谱仪测定的区域（包括月球雨海和澄海地区）月壳磁场的分布情况，可以看出：通过观察反射系数，说明观察区的磁场的磁感应强度绝大多数在 $1\times10^{-9}\sim5\times10^{-9}$ 特斯拉范围内；最大的反射率为 0.78，表明其对应的磁感应强度达到 10×10^{-9} 特斯拉；在雨海对应区的内环上的磁场也较强；而在冷海周边的对应山环上的磁场稍弱，两个较弱磁场区的中心位置分别为 S58°，E175°和 S55°，E188°。

◆ "阿波罗—17"号宇航员在搜集月球岩石标本

由于月壳强磁场的分布正好位于大型撞击盆地对应的另一半球，并且形状相同，因而一些科学家认为，这一磁场的强化可能与某一事件有关。超速撞击（速度大于10千米/秒）可形成等离子体云，这一等离子体云滞留于月球上约有5分钟左右，从而使原先的偶极磁场得到加强，而被加强了的磁场在等

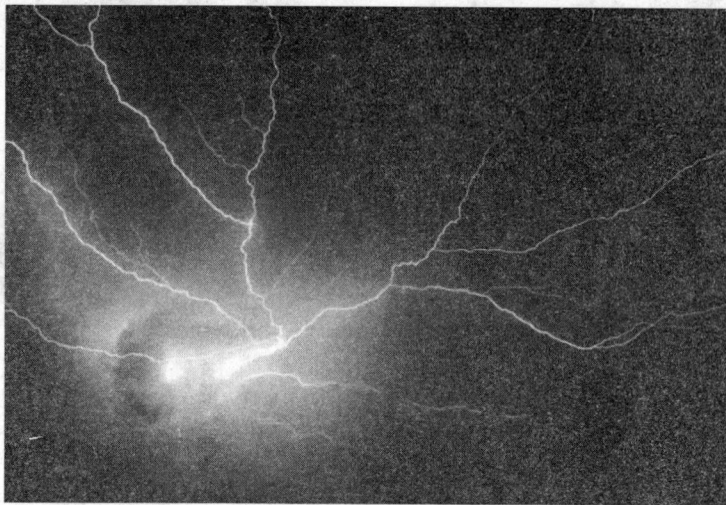

◆等离子体云

离子体云衰减变薄之前仅可保持1天左右，如此短的时间明显比岩石的冷却时间短，因此，热剩余磁化是不可能的，但在撞击盆地两边（环上）由于撞击溅射作用，撞击剩余磁化是可能的，即撞击坑盆地的溅射物在撞击后的几十分钟内溅落在对峙的环上，同时巨大的冲击压力足以产生撞击剩余磁化并使之保存下来。

知 识 窗

反射系数

反射系数为反射光振波与入射光振幅的比值，其数值多以百分数表示。反射系数的平方称为反射率。

科技链接——什么是等离子体

等离子体又叫做电浆，是由部分电子被剥夺后的原子及原子被电离后产生的正负电子组成的离子化气体状物质。离子体广泛存在于宇宙中，常被视为是除去固、液、气三中状态外，物质存在的第四种状态。等离子体是一种很好的导电

◆闪电——等离子体造就的自然奇观

◆等离子电视

体，利用经过巧妙设计的磁场可以捕捉、移动和加速等离子体。等离子体物理学的发展为材料、能源、信息、环境空间、空间物理、地球物理等科学的进一步发展提供了新的技术和工艺。

看似"神秘"的等离子体，其实是宇宙中一种常见的物质，在恒星（例如太阳）、闪电中都存在等离子体，它占了整个宇宙的 99%。现在人们已经掌握利用电场和磁场来控制等离子体。例如焊工们可以用高温等离子体焊接金属。

等离子体可分为两种：高温等离子体和低温等离子体。现在低温等离子体广泛运用于多种生产领域。例如，婴儿尿布表面防水涂层，等离子电视，增加啤酒瓶阻隔性。更重要的是在电脑芯片中的蚀刻运用，让网络时代成为现实。

为什么说月球是个小偷
——月球旋转能量来源

　　地球和月球之间的作用力主要是引力，现在所知道的事实是月球离地球越来越远，如果将月球围绕地球的运动近似地看做是匀速圆周运动的话，那么有可能是地球对月球的作用力的减弱导致地月距离的增加——即地球放松了对月球的拉力，从而使得月球依照惯性向更远的轨道离去，那么，是什么因素导致了地球对月球的作用力减弱呢？还有一种可能是月球围绕地球的运动速率的提高导致了月球向更远的轨道离去，同样的，是什么因素导致了这个速率的提高呢？这些和潮汐作用有着怎样的联系呢？接

下来让我们一起来找出答案。

月球逐渐逃离地球

地球上海水的潮汐是由于月球对地球的起潮力所引起的，仿佛是一种小小的"刹车片"，其长远影响是使地球自转速度缓缓变慢，地球的自转能量被月球一点点地"偷"走了，因此每一百年地球自转周期就要减慢 1.5 毫秒。这是月球对地球的一道枷锁，紧紧地拉着地球，会使得现代的人们更加感觉度日如年，坐如针毡。

每一年，月球都将"偷窃"一些地球的旋转能量，并利用它推动自己在自身轨道上上升 3.8 厘米，使自己逐渐逃离地球。科学家研究结果表明，在月球刚形成时，它离地球的距离只有 2.253 万千米，而今天这个数字已几乎增长了 20 倍，达到了 38 万千米，它正离我们远去。由于地球的自转能量被月亮一点点地"偷走"了，导致地球自转速度每 10 万年就要减慢 1.5 秒。

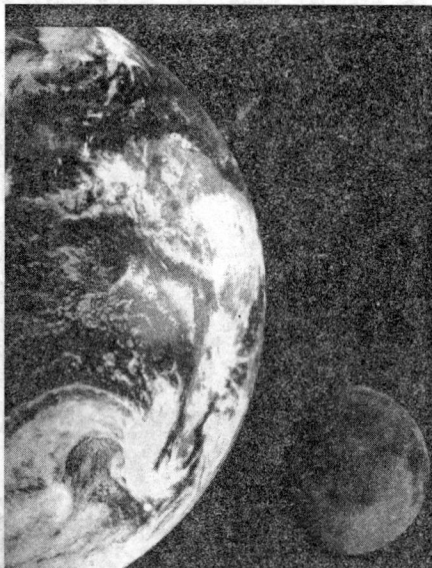

◆这是 1992 年拍摄的地球（左）与月球

月球远离地球的原因

为什么月球会越来越远离地球呢？其实，远离地球的根本原因，是月球引力引起地球上的潮汐现象所产生的。

由于月球公转的角速度，比地球自转的角速度慢，所以地球表面相对于月球，就产生了一个相对运动的速度，由于引力的影响，从而引发了潮

◆从月球上看地球

实际上月球远离地球后速度是减慢的，这是因为月球有部分能量转化成了势能

◆地球上的潮汐现象

汐现象。而由潮汐现象引起了地球表面的变形，使得引力中心偏离原来的引力中心，正是这一原因导致了地球自转速度的减慢和月球公转速度的加快，从而使月球距离地球越来越远。

当然，月球慢慢远离地球我们也可以说是潮汐产生的摩擦力造成的，由于力的作用是相互的，所以地球潮汐的摩擦力与月球所受的力是相等的，前面说过，由于地球自转比月球公转快，所以月球便从地球上获得能量，从而加快了月球公转的速度。上面的两种说法是一致的，并不矛盾。

如果地球上没有水的话，那月球会不会远离地球呢？回答是肯定的，前面所说的潮汐现象并不是专指地球上潮水的潮汐。因为，月球和地球之间存在引力，即使没有水也会引起地球表面的变形，面对月球的一面会受到其引力而隆起，这也可以解释为什么地震常常在夜间发生。事实上月地之间的引力不仅影响地球表面的海洋水，对地球表面对月球一面的空气也会受到其引力的影响，只不过如果地球没有水，会减缓月球远离地球的速度。另外，地球本身也不可能是标准的球体，这对月球的运动也有些影响，

只不过比较轻微罢了。

随着月球越来越远离地球和地球的自转速度越来越慢，地球上的潮汐现象也会越来越弱。月地之间的相互影响也越来越小，甚至停止。但这应该是很久以后的事了！

链接——月球离地球越来越远终有一天将升级为行星

如果天文学家提出行星定义新方案，一切将会变得复杂起来。届时，小行星"谷神星"将肯定成为行星。而冥王星唯一的卫星"卡戎"也会加入到这一行列。

美国加州大学圣克鲁斯分校从事太阳系外行星研究的科学家格雷戈里·拉弗林表示倘若地球及其卫星月球的寿命足够长，最终月球势必被重新划分为行星，这个结论非常令人吃惊。定义行星的新标准是在捷克首都布拉格开幕的国际天文学联合会（IAU）大会提出的。根据这一定义方法，每个绕太阳旋转的圆形天体就是行星，除非它绕另一颗行星旋转。但这也产生了一个巨大的疑问：如果地心引力的中心（称为重心）在更大的天体外，那么更小的天体就会是行星。这种分类标准将冥王星的卫星"卡戎"升格到行星行列，一些天文学家对此定义提出了严厉的批评。

此外，新的定义方式还产生另外一个问题。地球的卫星月球可能诞生于40亿年前一场灾难性大碰撞中。最初，月球距地球非常近，但是到后来开始越来越远。月球目前以每年约3.8厘米的

◆哈勃太空望远镜拍摄的冥王星（左）及卡戎星的照片

◆倘若地球及其卫星月球的寿命足够长，最终月球势必被重新划分为行星

我们知之甚少的月球奥秘——月球的相关探讨 <<<<<<<<<<<<<<<<<<<<<<<<<

速度距离地球渐行渐远。目前，月球的重心在地球内，但这种状况将会有所变化。拉弗林表示："如果地球和月球寿命确实够长，那么，随着月球与地球之间的距离越来越远，其重心最终将移出地球之外，届时，月球有可能被升格为行星。不知那时我们该对月球如何称呼?"

为什么说月球的心眼很小，
还是个歪心眼
——月球的形状中心位置探讨

◆ "阿波罗—17"号登月任务完成后，在归程中拍摄的月球照片

1969 年 7 月，美国航天员首次成功登月，并将一台月震检波器和一个激光反射器放在月面上。科学家们通过月震检波器发现，在月球表面下面约 80～100 千米深处有微弱的月震现象，而且发生微震的这个深度，大约是月球半径的一半。这意味着什么呢？月球有内核吗？如果有内核，它是固态还是液态呢？月球的核心位置究竟在哪里呢？

形状不规则的月球

月球是圆的吗？是不是像我们吃的月饼那么圆呢？

刚开始人们是这样认为的。现在的大多数人也是这样认为的。真理真的在多数人一边吗？

事实上，月球不是圆的，也不是规则的球形，而是两极直径略小于月球赤道（以下简称"赤道"）直径的天体。如果仔细地观察月球形状，你会发现它好像被人用食指和拇指捏住两极"挤"过一样。

我们知之甚少的月球奥秘——月球的相关探讨 «««««««««

◆月球不是规则球形

◆橄榄球

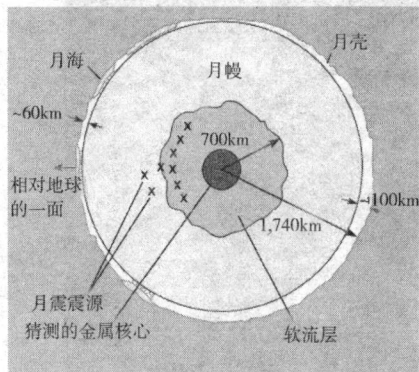
◆月球结构图

20 世纪六七十年代，太空探测器发现处于月球与地球地心连线上的月球半径被拉长，也就是说，如果沿着赤道将月球分成两半，那么，截面不是正圆，而是像橄榄球一样的椭圆，"球尖"指向地球。月球为什么是这种形状呢？迄今为止，尚无人能就月球当前形状的成因给出完全令人信服的解释。

有一种假设认为，天体运行轨道半径与天体转速有关，因此 1：1 的自转公转周期比可以解释当前月球形状不规则的现象。还有一些科学家假设，月球形成初期的自转和公转周期比为 3：2，也就是公转 2 周时自转 3 周，这种情况至多持续了几亿年，最后因为潮汐力而自转减慢了转速，自转公转比稳定为现在的 1：1。根据计算结果，这段自转比公转快的时期可以提供足够力量，为月球逐步形成今天的形状准备条件。

月球内核的形成

几十年来，科学家一直在分析激光束往返地月之间所需要的时间，以期准确测量月球的形状、摆动、与地球的距离以及物理特性。随着研究的进展，科学家们发现，随着地球引力的变化，月球表面的伸缩度可达10.16厘米。这说明月球内部柔韧易弯，处于部分熔化状态。由此，科学家坚信，月球中心有一个熔融的内核。

◆月球勘探者探测器

"阿波罗"飞船上的航天员们用测震仪对月球进行了监测，结果发现从地质学角度讲，月球并不是一个完全死亡的地方。在离月表以下几千米深处有小型月震发生，这被认为是受地球引力作用的结果。有时会有碎片喷出月表，并伴随有气体逃逸现象。科学家们认为，月球应该有一个炽热、部分熔化的核心体，就如地心一样。不过，1999年，月球勘探者探测

器发回的数据表明，月球的核心很小，大约是它质量的 2％～4％，这个数字与地球相比差距太大（地心占据了地球质量的 30％左右）。月球的质心也不在其几何中心，它偏离中心 2 千米左右。

广角镜——激光束准确测量月球的形状

激光诞生以后不到半个世纪的时间里，已得到了广泛应用。在科学研究中，激光使我们对光的本质有了全新的理解；在工业中，激光在通讯系统、精确熔化、抗热材料的钻孔和高精几近完美的直线，其偏差低于 1‰，达到了理论值的范围。尽管在空气中长距离"旅行"会减少光束的清晰度，但是，经过望远镜反弹后，光束的偏差还可以进一步减少。因此，激光被广泛用于大型建筑的校准中，如用它来引导机器在管道铺设中进行管道钻孔。

脉冲激光可以被用于雷达探测中，其光束的狭窄度能够对目标进行非常精确的定位。雷达是通过测量光束往返目标所用的时间来计算

◆国产激光雷达

距离的。脉冲激光雷达所发射出的光线能从地球到达月球再返回地球，月球上的反射器是由第一个登陆月球的宇航员放置在月面上的，通过激光束的往返，人类已计算出月球和地球之间的精确距离，精度达到了厘米。同样的道理，地球上两个地方的观察者也可以通过计算激光在两者间往返的时间来算出两点间的准确距离。同样，经过一系列的测量之后，可以得知两个地球板块之间哪一块在进行相对的漂移。飞机上的激光雷达可作为绘制精细地图的设备，如一座场馆的边缘走势或一间房屋的屋顶形状。借助脉冲激光雷达的帮助，人们还可以在较高的纬度上获得尘埃甚至空气分子的情况，以此来计算空气的密度，从而可能追踪到气流

◆中国绕月探测工程通过将激光高度计与星上的 CCD 相机配合
获得的第一幅月球三维立体图像

的走向。

　　激光光色的纯度异常高，以至于光频中任何一个细小的变化都可以被检测
到。被障碍物反射回激光器的光，其增加的频率数会随着障碍物速度的变化而变
化。如果障碍物处于相对的后退状态，频率就会降低。激光束的亮度和相干性特
别适于产生三维立体图像的效果。

我们知之甚少的月球奥秘——月球的相关探讨

为什么月球总是不让我们看到它的另一面
——月球的正面与背面

◆月球的背面

我们从地球上看到的月球，无论阴晴圆缺，好像都只能看到它的一面。月球总朝着地球的一面为月球的正面。但是月球和地球总要自转和公转的，朝向我们的总是固定的一面吗？会不会在我们看不到的白天，月球是用另一面对着我们？

正面与背面的特征

月球真的只有一面对着我们的吗？答案是：月球真的只以一面对着我们，不管白天黑夜。更准确的说法是，由于月球环绕地球的不稳定性，我们最经常看到的是 48％的月球表面；有 4％是不太经常看得到的；而另外的 48％是完全看不到的。

经常看到的 48％就是月球正面，永远都是向着地球，这是潮汐长期作用的结果。月球的其余部分，除月面边缘附近的区域因

◆1959 年 10 月 4 日，苏联发射了月球 3 号探测器，它从月球背面的上空飞过，首次拍摄并向地球发回了约 70％的月背面积的图片

天平动而中间可见以外，月球背面的绝大部分在地球上是看不见的。在没有探测器的年代，对人类而言月球背面一直是一个未知世界。月球背面几乎没有月海这种较暗的月面特征，所以，当人造探测器运行至月球背面时，它无法与地球直接通讯。

月球背面的结构和正面差异比较大。月海所占面积非常少，环形山较多。地形凹凸不

◆月球背面

平，起伏悬殊。最长和最短的月球半径都在月球背面，有的地方比月球平均半径长 4 千米，有的地方则短 5 千米（如范德格拉夫洼地）。背面的月壳比正面厚（最厚处达 150 千米，正面的月壳厚度只有 60 千米左右）。

只能看到月球正面的原因

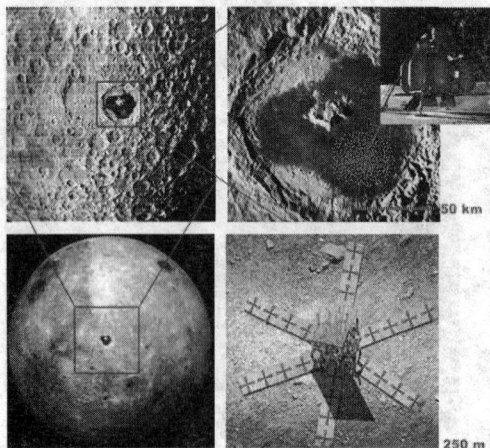

◆月球背面安置最大的望远镜

月球的公转周期是 27.321661 天，这样一个周期叫做"恒星月"。月球的自转周期为 27.32166155 天。因为两者相当接近，所以在地球上只能看到月球永远用同一面向着地球。

事实上，月球自转周期与公转周期并不完全吻合，而且自转、公转周期也在不停变化。在上亿年的时间里，月球背向我们的那一面是逐渐变化

的，只是变化速度很慢，对于较小的时间尺度（如几个世纪）来说，我们可以近似说月球总以相同的一面朝向我们。而且月球的轨道是倾斜的椭圆形轨道，它在不同的轨道位置面向地球的一面也略有不同。

从月球形成早期开始，地球便一直受到一个力矩的影响导致自转速度减慢，这个过程称为潮汐锁定。因此，部分地球自转的角动量被转变为月球绕地公转的角动量，结果就使得月球以每年约38毫米的速度远离地球。同时，地球的自转也变得越来越慢，地球上每年长度变长15微秒。

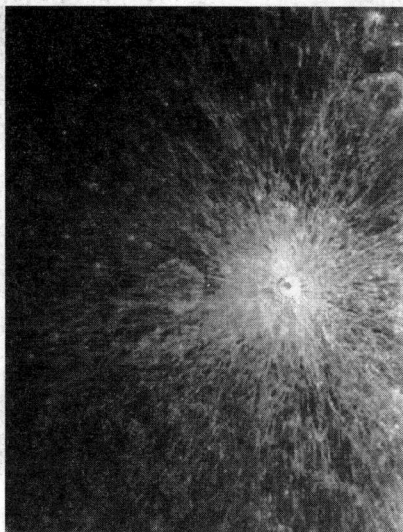

◆探秘月球的背面："嫦娥"拍摄的月球背面撞击坑

知识库——天秤动

◆月球半景照片：本照片是一张月球照片的合成图。除了在月面边沿附近的区域因天平动而中间可见以外，月球的背面绝大部分不能从地球看见

我们从地球上看月球，看到的月球表面并不正好是它的一半，这是因为月球像天平那样来回摆动。地球上的观测者发现：在月球绕地球运行一周的时间里，月球在南北方向来回摆动，这种在维度的方向的像天平般的摆动被称为"纬天平动"，摆动的角度范围约是$6°57'$；月球在东西方向上，即经度方向上来回摆动的现象被称为"经天平动"，摆动的角度达到$7°54'$。除了这两种主要的天平动，月球还有周日天平动和物理天平动。前三种天平动都不是月球在摆动，而是由于观测者自身与月球之间

的相对位置发生变化而引起的。只有物理天平动是月球自身在摆动，而且摆动幅

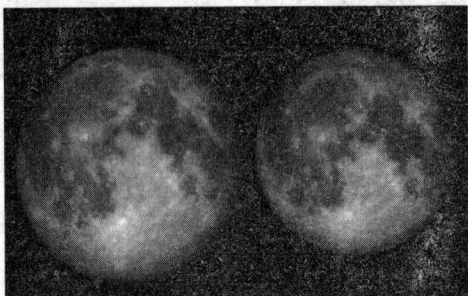

图 解 月 球

◆近点月（左）和远点月（右）的大小比较

度非常小。对于前三种天平动也有下面一种解释。

由于月球轨道是椭圆形的，当月球处于近地点时，它的自转速度追不上公转速度，因此，我们可以见到月面东部达 E98°的地区；当月球处于远地点时，自转速度比公转速度快，我们可以见到月面西部达 W98°的地区，这种现象即经天平动。又由于月球轨道倾斜于地球赤道，因此，当月球在星空中移动时，极区会作 7°左右的晃动，这种现象即纬天平动。再者，月球环绕地球运动的轨道半径约是地球半径的 60 倍，如果观测者从月出观测至月落，观测点便有了一个地球直径的位移，可以多见月面经度 1°的地区，这种现象被称为周日天平动。

知识窗

近地点和远地点

从天文学角度讲，近地点是指月球绕地球公转轨道距地球最近的一点。月球轨道为椭圆，地球位于它的一个焦点上。距离地球最近的长轴端点称为"近地点"，最远的长轴端点称为"远地点"。因受其他天体引力摄动影响，近地点和远地点每月东移 3°。

为什么月球上没有生命
——恶劣的月球环境

地球是迄今为止已经发现的唯一有生命存在的星球，它有辽阔的原野、巍巍高耸的山峦、蜿蜒曲折的河流、宛如平镜的湖泊和浩瀚澎湃的海洋。在阳光沐浴下，万物生长，生气勃勃。那么，地球的卫星——月球上会是什么样的景象呢？答案是万籁俱寂，满目苍凉。为什么会这样呢？

◆月球表面万籁俱寂、满目苍凉

地球上和月球上生命存在条件的对比分析

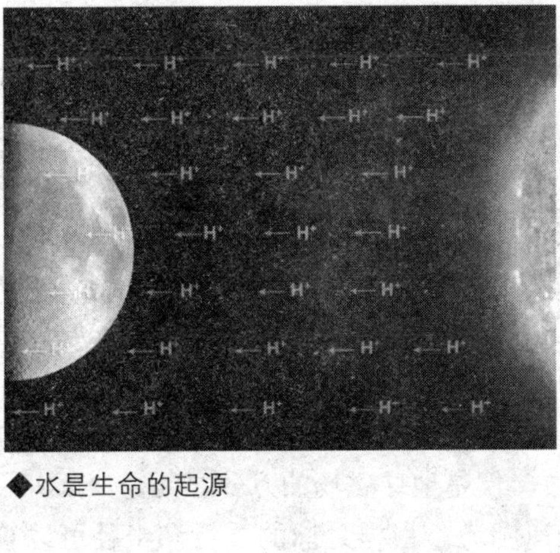

◆水是生命的起源

我们首先要知道地球上存在生命的原因是：

1. 温度适宜，液态水存在。

2. 体积质量适中，引力适中，使得人类等生命可以正常生存，适当的引力使地球拥有厚厚的大气层，进而演化成适宜生物呼吸的大气。

3. 地球上的原始海洋在没有臭氧吸收太阳紫外线时，成为天

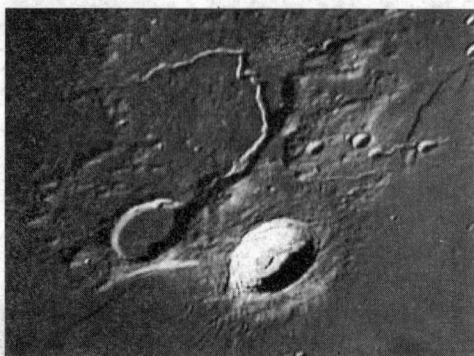

◆月面局部照片

然的屏障，为生命"遮风挡雨"，成为生命的摇篮。

4. 地球的自转周期（即一天的长度）恰到好处，使昼夜温差不大，有利于生命的生存与繁衍。

5. 地球上的大气层可以削弱对太阳辐射，降低了白天的最高温度；对地面还有保温作用，提高了夜晚的最低温度。使地球的昼夜温差减小，有利于人类等生命生存。

相对于地球，月球不具备这些生命存在的条件：

1. 月球白天温度高达130℃，夜晚则低至－180℃，昼夜温差高达310℃。在这种温度变化下，水的三态变化（气态、液态和固态）是很剧烈的。任何生命都不可能在这种环境中诞生。

2. 月球的体积比地球小，引力也只有地球引力的1/6，不足以吸引大气层，无法演化出适宜生物呼吸的大气。

3. 最初类似于原始海洋的屏障没有存在的条件，长驱直入的紫外线等宇宙射线会将其中的原始生命杀死在萌芽之中。

4. 月球的自转周期相当于地球的27.32166日，这将加剧月球的昼夜温差，不利于生命生存。

5. 月球上没有大气，不能有效降低昼夜温差，因此不能营造适宜生命生存的环境。

月球上不存在生命的原因

经过长期的科学观察和登月直接考察，人们发现月球是一个荒凉、万籁俱寂的不毛之地，没有生命活动或生命留下的痕迹。

现在的月球磁场极其微弱，在风暴洋中测得的静磁场和月球岩石标本的剩余磁场强度均只有36伽马左右，仅是地球磁场的万分之几。

月球上没有液态水，更没有江河湖海。根据月球的质量和半径可以算出月球的重力只有地球表面重力的1/6。那么，地球上一个体重60千克的人，到月球上就只有10千克重。月球上的逃逸速度仅为2.38千米/秒，比地球上的逃逸速度（11.2千米/秒）小很多。

月球重力微弱，所以它无法保持大气层。因为在阳光照射下，轻的气体分子的热运动速度大于逃逸速度，纷纷飞散到星际空间去了。因此，即使月球表面下仍不时有小股气体逸出，但月球只能留住氙、氡这些相对分子质量较大的气体。遗憾的是，这些元素在月球上非常稀少。所以月球大气的密度不及地球海平面上大气密度的万分之一。可以说，现在的月球没有大气，更没有大气圈。

由于没有大气层，月球上白天和黑夜交替没有过渡，而且明暗分界线十分明显（地球上由于大气分子可以散射阳光，白天和黑夜之间有着晨曦和黄昏的过

◆融化的红月亮

◆月球重力是地球的1/6

渡）。月球没有大气，阳光可以直射月球表面，而不会产生折射和反射，所以，在月球上看不到美丽的朝霞和晚霞。即使在阳光普照的白昼，月球上的天空也不是蓝色的，而是一团漆黑。黑色的天幕上镶嵌着耀眼的太阳和满天星斗，它们显得格外明亮。从月球上看，地球几乎是静止不动地悬挂在天穹上，太阳和星星缓慢地自东向西巡行。由于没有大气，因而星星不会闪烁。

由于没有大气，声波在月球表面无法传播，人在月球上听不到任何声

图解月球

◆月球表面

响，是真正的万籁俱寂。

由于没有大气层来传导温度和保温，月面上的昼夜温差很大。白天受阳光强烈照射的地方，温度可高达 130℃～150℃；而在阳光照射不到的阴暗处和夜间，温度会降到－180℃～－160℃。月食时，月球表面会迅速冷却，2 小时内温度可下降250℃，这说明月球表面的导热性非常弱。

从上面可以得知，生命的三大基本要素——水、空气和适宜的温度月球一样都不具备。因此，月球上根本不会有任何形态的生命存在。对月球表面的环境，我们用一句话来概括：月球是一个无风、无水、无声、无生命、冷热剧变的荒凉世界。

广角镜——欧洲航天局发现月球北极适合人类移居

2003 年 9 月，欧洲航天局发射的第一个月球探测器：“斯马特 1 号”升空。“斯马特 1 号”探测器上载有许多探测仪器。欧洲航天局的科学家称“斯马特 1 号”探测器在月球上发现了一块区域，可能是未来建造供人类居住的月球基地的理想地点。

1. 常年阳光普照。

这块区域位于月球北极附近，只有几平方千米。欧洲航天局科学家说，该地区在一年里都是阳光普照。修建

◆欧洲“斯马特 1 号”探测器

月球基地需要太阳能电池提供动力，该区域恰恰是获得阳光的理想位置。

2. 月球可能有水冰。

我们知之甚少的月球奥秘——月球的相关探讨 <<<<<<<<<<<<<<<<<<<<<<<<<<<<<<<<

科学家一直怀疑月球的土壤里可能有水冰。"斯马特1号"在月球上发现了一块太阳永远照不到的区域。欧洲航天局科学家说，这一黑暗区域可能有水冰。

这个说法正确吗？正确！后来美国科学家在月球北极附近就发现了储量巨大的水冰。

3. 希望找到岩石。

科学家还期待在月球上找到地球上存在的岩石，用做在月球上建造建筑物的材料。科学家还希望能够在月球上找到含有氢、氧、氦和铁的钛铁矿石，如果能把这些元素提取出来，月球基地就有了燃料和钢材。

◆美科学家发现月球北极含有6亿吨水冰

为什么在朔、望时妇女容易分娩
——人的出生和月球的关系

◆古代哲学家和祭司说，月有圆缺，与人的出生、成长、衰老、死亡有关联

自古就有月亮影响人间生活的说法。古代祭司和哲学家们认为，由于月亮有圆缺，所以月亮与人的出生、成长、衰老、死亡有一定关联。古人对月食感到恐惧，将其视之战争、饥荒和其他灾祸的征兆。有人认为，在月光下睡觉对人的心智有害。精神病患者在月圆时会犯病，英文里表示"精神错乱"的单词"moonstruck"是由"moon"和"struck"组成的合成词，即受到月亮伤害的意思。另一个有同样意思的词"lunatic"源于拉丁文"luna"，即月亮。即使在今天，仍然有人认为月亮会影响天气。有人认为，在上弦月时播种，庄稼会长得茂盛。还有人认为在满月时结婚会有福。这些说法是否科学呢？现在尚无定论。本节中我们主要谈谈人的出生和月球的关系。

人的出生有随月相分布的情况

人的出生和月相有关吗？美国学者阿墨纳尔兄弟在 1959 年分析了 25 万人的出生日期，发现出生日期很多都在"望"附近。1973 年，另外三位

我们知之甚少的月球奥秘——月球的相关探讨

美国科学家研究了在纽约出生的50万人的出生日期，也得到跟墨纳尔兄弟相同的结论。日本的医生选取了东京和岐阜两个普通医院的2531个婴儿的分娩时间来分析（因为他们考虑到大医院在分娩时可能使用药物催生，会影响统计结果），结果他们发现在一个朔望月（农历月）中分娩有两个高峰，分别出现在朔、望附近。20世纪80年代法国一个科学小组经过7年调查研究发现的结果与前者有所不同。他们发现，他们所研究的600多万新生儿的出生日期是有规律的：按星期来说，星期二最多，星期日最少；按月相来看，从下弦月到新月期间最多，而从新月到上弦月期间是低谷。

◆月球影响人间生活

◆朔、望附近人的出生率较高

我国南京大学的季国胜等对南京、上海、成都三地的1980年至1985年出生的人数进行了统计，证实人的出生与月相有关，在朔、望日和上、下弦日四个关键日附近出生的人最多。广州医学院的田仁等人的研究也表明在一个朔望月（农历月）的四个关键日，出生的最大峰值比月平均值高71%。甚至有人发现，有些植物的播种时间也有讲究，如胡萝卜、白萝卜、西红柿、白菜、芹菜等宜在上弦月播种；茄子、韭菜、洋葱、南瓜等在新月时播种效果最佳。

朔、望时妇女容易分娩的原因

◆月亮影响妇女分娩

◆准妈妈的实际分娩时间并非都和预产期一致

从以上资料可以看出，在朔、望、上、下弦日出生的人所占的比例确实较大，这说明天文潮汐能影响人的出生时间。但是，天文潮汐不能决定所有人的出生时间。孕妇身体的强弱、工作量的大小、劳动轻重、家庭环境和思想情绪等条件，产院是否采取引产、药物催产及剖腹产等措施都在不同程度上影响着自然出生的时间。

另外，从绝大多数产妇分娩的实际情况来看，产妇实际分娩并不都在按理论推算的预产期内，或提前，或延后。这有两方面原因，一方面产妇个人有不同的具体情况；另一方面，天文潮汐对产妇起催产作用，使得准确预测产期极为困难。如果在理论预测的基础上，再加上天文潮汐的因素，就会相对准确一些。

对于超过理论预产期，仍然没有分娩的产妇，更要考虑天文潮汐的因素。超过了望期仍没有分娩的，一般在临近的弦期或下一个朔期分娩；超过了朔期仍没有分娩的，一般在临近的上弦期或下一个望期分娩。专家曾在原理论预产期的基础上，参照天文潮汐时间预测了一位超过理论预产期十多天的孕妇的分娩时间，结果，实际分娩时间与预测分娩时间完全符合。

◆预测分娩期时加上天文潮汐因素会更准确

广角镜——波兰妇女喜欢水中分娩

波兰医学家认为孕妇在水中分娩效果很好。自1997年6月1日开始试用水中分娩法以来，波兰已有500多名婴儿在水中出生。

西里西亚医学院妇产科教研室主任理夏德·波莱巴认为，水中分娩有两大好处：一、水中分娩比较快，可减少分娩对母亲的伤害，同时降低婴儿缺氧的危险；二、母亲便于翻身，可以得到更好的休息，而且热水能减少分娩时的痛苦。

水中分娩的方法是：产妇躺在浴缸中，水温要保持在36℃～37℃，环境温度则维持在26℃左右。当然，浴缸中的水必须经过消毒。整个分娩过程需要更换几次水。刚出生的婴儿在水中待的时间不能超过1分钟。

波兰医学家对水中出生的137名婴儿进行分析后发现，他们身体健康，均没有出现明显的疾病。

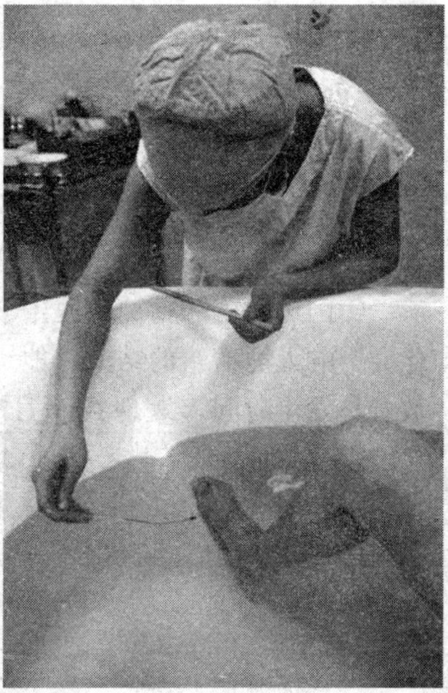

◆产妇水中分娩

冲动是魔鬼
——人的精神状态与月亮的关系

很多学者认为，人类的侵略、投毒、谋杀、抑郁等罪恶行径和心脏病等痛苦疾病，都与月亮的盈亏有关。

那么，月相怎么会影响人类的行为呢？

◆月相影响人的行为

朔、望盈亏的变化影响人类的情绪

美国迈阿密的精神病医生李莱伯尔经过长期研究，得出朔、望盈亏变化会影响人类情绪的结论。他统计了迈阿密市15年以来发生的杀人案件的数量与发生时间，发现在满月与新月之时，案件明显出现高峰。他曾在1974年新年伊始预言：在1月8日和2月7日两个月圆之日，举止失常的人数会比相邻的其他日期多。事后的统计表明证实了他的语言。在该年的头两三周内，刑事案件犯罪率急剧上升，比往年同期增加2倍多。无独有偶，印度对其3个城

月圆对生物确有影响。给病人开刀动手术，每逢月圆之时，病人的血气就很旺盛，一刀拉下，往往是鲜血喷涌，此时手术就应特别谨慎，防止出现大出血。

◆列车颠覆与月相有一定关系

市的调查也表明，月圆之夜的案发率明显比其他时间高。

满月时，不但杀人事件多，其他暴力事件也是如此。纽约市的纵火案件和东京消防厅的救火车出动次数，在满月时均比平时增加 1 倍以上。英国爱丁堡医疗中心研究分析了 5 年中的自杀资料，发现 366 名服毒者和 316 名其他方式自杀者，大多死于满月之夜；酗酒闹事者也在满月时最多。

我国甘肃的农民科学家张巨湘统计了大量资料，发现大型厂矿火灾、客机失事、客车翻车与撞车、大型海轮海难、火车颠覆等几大类重大事故，都同月相有一定关系。他的统计数据表明，朔、望、上、下弦月 4 个关键日当天以及其前后各 1 天（共 3 天）是事故发生的高潮期。

月相影响人的行为的相关解释

月相如何影响人的行为呢？美国耶鲁大学的精神病专家维兹和利伯在大量实验基础上阐述了一个观点：满月时，人们的感情容易发生波动，精神病患者更会因此烦躁不安，他们头脑的电位差在此时也达到了最大值，这就使他们处于仇恨和冷漠状态，因此，很容易为一些芝麻绿豆大的小事引发斗殴事件，甚至凶杀案件。

潮汐说也给出了自己的解释。这一学说认为，人体内的水分含量在

◆满月前后人的情绪容易发生波动，为恶性案件高发期

70％以上，流经全身的液体（包括血液）会因月球的潮汐为而形成"生物潮"，影响人体的水分变化，进而对人体的大脑、心脏、神经和其他器官产生不同程度的影响，使人产生精神兴奋和抑制，因而产生行为反常的事件。

磁场这样解释：人体就是一个磁场，且内外磁场一般处于动态平衡状态。在朔、望日时，日、月、地三者处于同一线，人体受月球等外界磁场的急剧冲击而失去平衡，人脑功能受到干扰而出现周期性的情绪变化。抑制力差的大脑，容易产生机能紊乱，变得或麻木迟钝，或异常神经质，导致判断力下降而引发交通事故、侵略、投毒、谋杀、抑郁和心脏病等灾难和疾病。

广角镜——"野兽"性格竟随月相变化

你喜欢篮球吗？喜欢篮球的人都知道美国篮球明星"野兽"阿泰斯特，他就像是一个难解之谜。有时候他邪恶如同魔鬼，有时候又善良可爱如同天使。当他在场上的表现和竞技状态达到一个高水平时，他便会控制不住自己的情绪。对于大多数球迷而言，他的言行令人难以捉摸，简直匪夷所思。但是，星象学家却能理解阿泰斯特的这种情绪上的波动：每当满月即将到来时，他的举动就会越来越疯狂，越来越难以控制。研究阿泰行为波动的人们发现了他的行为和月亮的关系，以下就是研究出来的成果。

1. 月相：新月——坏脾气的始发点

时间：2003年3月9日

事件：这是阿泰斯特职业生涯中第一次被停赛。因为他的赛季故意犯规次数

我们知之甚少的月球奥秘——月球的相关探讨 《《《《《《《《《《《《《《《

累计达到 6 次。在与开拓者队的比赛中，阿泰斯特在邦奇·威尔斯身上故意犯规。

时间到了 2006 年夏，阿泰斯特和威尔斯变成萨克拉门托国王队的队友。威尔斯当时的身份是自由球员。阿泰斯特曾威胁威尔斯，如果他不同国王队续约，就会干掉他。他的原话是："除非你想死，否则你就留下来。"而最终的结果是，威尔斯选择和休斯敦火箭队签约，和姚明成了队友。

2. 月相：眉月——有升级趋势

时间：2003 年 1 月 30 日

事件：阿泰斯特被罚停赛四场和罚款 84000 美元，原因是他和热火队主帅帕特·莱利在场边发生口角，争论焦点是阿泰是否在比赛中犯规。双方的口角逐渐升级，阿泰走到热火队的板凳前，双臂合在胸前冲撞莱利，莱利用手把阿泰推开。阿泰斯特最终被裁判驱逐出场，之后还向迈阿密的球迷竖起了中指。

3. 月相：上弦月——持续发展

时间：2003 年 1 月 4 日

事件：在输给尼克斯队之后，阿泰斯特脾气暴躁，在麦迪逊花园广场的过道中把一个电视监视器拽倒在地，还踩碎了一个价值 10 万美元的高清电视镜头。他因此被禁赛 3 场，罚款 3 万 5 千美元，并赔偿被损坏的电视镜头。

4. 月相：盈凸月——向最坏酝酿

◆这样的漫画很好地体现了阿泰的特色

◆阿泰

The Lunacy

◆月相变化揭秘阿泰性格变化

时间：1999 年夏

事件：阿泰被芝加哥公牛队选中，进入 NBA。来到芝加哥后，阿泰去一家电器店购买家电。他想强横地以员工的价格购买家电，理由如阿泰自己所说："我有一个朋友，就工作在这家店里，他购买家用电器从来都是打折的。"

5. 月相：满月——爆发

时间：2004 年 11 月 19 日

事件：在满月时，阿泰的火爆脾气达到了顶点。这一天，活塞队的主场奥本山体育馆爆棚了！作为

◆罕见的赛场群殴事件，卷入其中的至少包括活塞队的本·华莱士和步行者队的阿泰斯特、斯蒂芬·杰克逊、小奥尼尔，以及相当数量的球迷和少数场地工作人员

步行者队一员的阿泰斯特冲上看台，与活塞球迷发生殴斗，成为体育史上最荒唐恶劣的事件。阿泰被禁止参加本赛季剩余的所有比赛。

6. 月相：亏凸月——稍有收敛

时间：2002年5月25日

事件：阿泰孩子的保姆指控阿泰用双手卡住了自己的脖子。此事最终没有立案，阿泰也矢口否认。然而，数月之后，阿泰的女友也就是他日后的妻子给警方打电话，投诉自己被打和被抓，当事人自然是她的男友：阿泰。2007年，阿泰斯特因为家庭暴力而被捕，罪名仍旧是殴打自己的妻子。

◆阿泰殴妻后在新闻发布会上流泪忏悔，得到俱乐部原谅重回赛场

7. 月相：下弦月——基本平息

时间：2004年夏

事件：伴随着月相逐渐由盈转亏，阿泰的脾气也随之有所收敛。他和他在印第安纳的78岁的邻居老大妈合作制作了一首乡村歌曲《这是我的歌》。阿泰说，他和老大妈建立了真正的友谊，因为老大妈常给他制作点心。这可是阿泰难得的温馨的一面。

8. 月相：残月——完成由恶到善的转变

时间：2004年2月15日

事件：月相最终变成了残月，阿泰也由魔鬼变成了天使。在2004年的全明星赛上，阿泰穿着一双款式极不对称的球鞋出现，目的是吸引球鞋赞助商。次年，阿泰斯特成为德国某著名品牌的唯一NBA签约球员。

◆ "阿泰斯特一代"，是匹克为阿泰斯特设计的最新专属战靴，旨在帮助阿泰斯特不断超越巅峰

不能没有你
——月亮消失将会怎样

　　世界上有一些狂人幻想只有白天没有黑夜的世界，为此他们试图摧毁月亮。20世纪50年代，某超级大国的科学怪人曾经开展过在月球上进行核爆炸的研究计划，有人甚至计算出"只要向月球上发射3颗氢弹，这个星球就可以永远从我们的面前消失"。这有可能吗？非常有可能！科学技术能造福人类，也能让人"自取灭亡"！在核武器面前，地球都不堪一击，更何况那嫦娥之宫、玉兔之窟。

　　很多科学家认为人类的侵略、谋杀、投毒等罪行以及抑郁、心脏病等痛苦，都与月亮的盈亏有关。既然月亮有时会成为人类灾难的罪魁祸首，那么如果我们设法使月亮消失，情况将会怎样呢？

人类曾试图毁灭月球

事实上，早在1958年初，苏联就在绝密情况下开展了在月球上实现核爆炸研究。研究者试图在月球上引爆核弹，在地球用分光计分析在核爆炸中腾起的月球土壤微粒，以此来了解月球土壤的化学成分。苏联的一些著名人士曾经提出，要让全世界看到月面核爆炸的明亮闪光，以此来展示苏联的无穷威力。当年，苏联中央第一实验设计局就此展开了相关的详细研究。如果相关方案实施的话，月球可能已经面目全非了。

◆苏联曾设想在美丽的月亮上引爆核弹以研究月壤的成分

幸运的是，相关方案在技术设计的制定阶段就被终止了。因为没有人能百分之百保证安全地将核弹送上月球。一旦运载火箭的第一级或第二级出现故障，核弹就可能掉在苏联境内；如果第三级出故障或核弹最终只进入地球轨道，那么核弹可能会坠落在

◆美国一个狂人曾算出三颗氢弹就可以毁掉月亮

其他国家。不管是哪种情况，恐怖的前景都无法想象，人类也无法承担失败地结果。此外，苏联开展的理论研究表明，即使月球上升起蘑菇云，从地球上测得的光谱主要能知晓爆炸物的组成，而对于研究月球的化学成分帮助不大。

无独有偶，在20世纪50年代，美国也有一个叫阿比恩的狂人，根据

他的计算，只要向月球上发射3颗氢弹，这个星球就可以从我们的面前永远消失。阿比恩的建议一出，立即引起世界哗然。一些科学家分析，如果真的在月球上引爆3颗氢弹，月球可能未必消失，地球则必定大祸临头。在月球面前，1枚大氢弹仅相当于1颗直径数10米的陨星的一次轰击，3颗氢弹合在一起顶多使月面上

◆月亮爆炸会对地球产生毁灭性影响

增加一个小环形山而已。月球上的环形山众多，再增多一个也无碍大局。而月球上氢弹爆炸掀起的无数巨石必然会有一部分砸向地球。一块直径100米左右、速度为5千米/秒的巨石，其威力不亚于70颗氢弹。一颗氢弹落在地球上就会造成生灵涂炭，产生难以预料的后果。70颗氢弹的威力，地球难于承受。而且月球炸开的小尘土和微粒会弥散开来，在地月轨道上形成尘环。尘环产生的巨大阴影将使地球上许多地方不见天日，温度骤降，地球将重新步入冰河期。

假设：如果月球消失

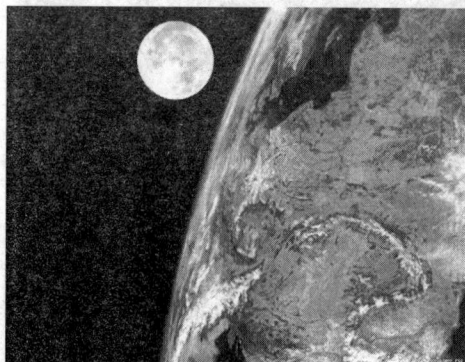

◆如果月亮消失，地球将面目全非

月球一旦消失，潮汐作用会发生变化，地球自转速度也会突然变慢。这样一个"急刹车"将会造成一场全球性的20级特大飓风；赤道处的风速可达80米/秒，很多高层建筑会齐刷刷地倾倒；飓风会引发海啸，将会惊涛拍岸卷起千堆雪，以雷霆万钧之力吞噬一切；地球上的绝大多数动物经不起这样的"考验"，幸

免于难的必然会退化成低矮、强壮，并且有外壳保护的怪模样。更为严重的是，如果地球真的失去了月球，那么目前不显山不露水的太阳潮汐力就会取代月亮潮汐力向地球发威。若干年后，地球自转时间将等同于公转时间，地球被逼无奈只得同太阳作"同步自转"。届时，地球半边将是永恒的白天，昼夜不分，万物焦枯；另外半边则是永远冰冷的黑暗，冰天雪地，暗无天日。

不是假设：月球正远离地球的重要性

月球是地球的唯一一颗卫星。亿万年前月球就开始沿着自己的轨道绕地球旋转，日复一日，年复一年。人们对此已经习以为常。但是，你知道吗？事实上，月球正悄悄从地球身边溜走！

地球上的潮汐现象主要由月球的作用产生。由于月球绕地球旋转，地球上的海洋受月球引力的作用，面对月球的那一面就出现涨潮现象。而远离月球的另一面由于惯性离心力的作用，也会出现涨潮现象。

在这种现象背后，隐藏着一个鲜为人知的秘密：地球自转的能量被月球一点一点地"偷"走了。因此，每隔100年地球的自转周期就延长1.5毫秒。地球上的一天也从最初的4小时变成今天的24小时，未来的一天可能超过24小时。

◆太阳在月球后面，月球边缘发亮的是太阳的日冕。地球反射的光线照亮了月球局部区域。上部亮点是金星

月球利用巨大的潮汐从地球身上吸取自转的能量，并利用这个能量让自己从轨道上每年向外偏3.8厘米。地月距离已从刚开始的2.2万多千米，拉大到了38万多千米。随着时间的推移，月球还会越走越远，并最终脱离

◆从月球上看到的新月形的地球

地球的视线。

有月球相伴的日子，我们没有感到它的重要性，可是一旦它消失了，问题就严重了。科学家们预测，没有了月球这个稳定器，地轴再也不可能以稳定的倾斜角绕太阳转动了。地轴来回摆动，地球就会失去平衡，气候也将出现剧烈变化，风将以每小时数百千米的速度掠过，沙暴将肆虐无常；气温将在 −100℃ 和 100℃之间跳跃，冰川将融化，陆地将淹没。那将是多么可怕的情形啊！

科学家为阻止月球消失的大胆想法

为了阻止月球后退和消失，有科学家提出在海中筑坝，这可以降低海洋潮汐的巨大威力，减缓地球能量被月球偷走。但是，在海中筑坝目前还真是难事。

最近，一位美国科学家提出了一个更为大胆的想法：既然阻挡不住月球后退，那就另辟蹊径。木星的卫星众多，不妨"借"一颗来用，也就是说捕获一颗木星卫星，将其停放在月球轨道上，充当月球的替身，来帮助地球扶正因月球后退和消失而造成的混乱。

这些计划是否可行呢？另当别论。但是，月球的后退是事实。它的

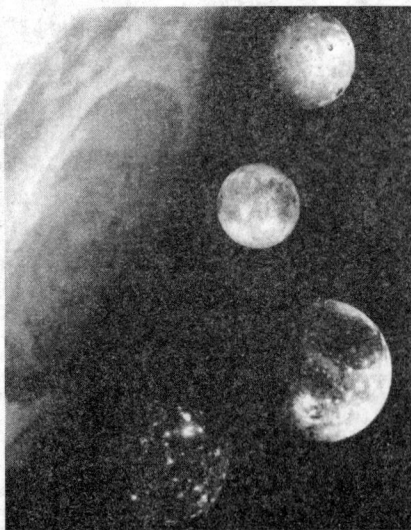

◆科学家设想捕获木星众多卫星中的一颗来充当月球替身

消失尽管遥远，却也不是无稽之谈。就像关心人类的命运一样，月球和地球的未来也需要大家去关注！

万花筒——月亮突然消失对各个职业的影响

月亮永远是温和的象征，带着一种柔和的光，给人一份温柔的感觉和一股含情脉脉的气韵……假使月亮突然间消失了，一切一切又将会是怎样呢？

首先，可难为了语文教师。月亮突然消失了，一切诗情画意都不复存在。在寂夜之中，只有渺小的星星在眨着眼，一切思念无以寄托，让教师如何教学生学习歌词诗赋呢？"举杯邀明月，对影成三人。""月有阴晴圆缺，此事古难全，但愿人长久，千里共婵娟。"这一系列诸如此类的诗句都无从谈起，硬邦邦的语文课从此诞生……

假如月亮真的突然间消失了，受害最深的莫过于准备要在月亮观测的科学家了。他们的所有成果都在一刹那成了废物。他们连最后的目标都失去了。如何向宇宙进军呢？不甘心的科学家只好转行去做考古专家了，致力于研究月亮为何突然消失了。

对月亮的突然消失，最开心的莫过于小偷了。月亮，这个黑夜中他们"工作"的唯一阻碍已经消失，在黑夜里，利用他们历经多年练就的身手和尖锐的眼

◆没有了月亮，人间的很多美好和梦想都不复存在了

晴，就可以为所欲为。大概从此以后许多人会去做贼吧！

　　月亮突然消失，不引起轰动的话绝对是奇迹！我们可以想象，月亮消失的那晚，报纸杂志的编辑同志们会通宵忙于工作，一份份关于月亮消失的报道纷纷出来，哪怕只有一丝关联的事也不会被忽视，人们的议论可想而知……

　　但是一切都会过去。人类有一种很好的精神，叫"习惯"。当一切习以为常的时候，他们也就乐于过没有月亮的日子了。只是届时"月亮"将会变成未解之谜……

从不凄凉的苍凉世界

——人类探月史

　　虽说月亮引力比地球小，但是对人类的吸引力则是巨大的。20 世纪 50 年代以来，苍凉的月球热闹非凡，它一直是世界各国激烈竞争的最高领域。美苏两国间的竞争尤为激烈，可谓你方唱罢我登场，自 1958 年至 1976 年的 18 年间，两国共发射 65 颗月球探测器（其中 42 颗成功）。月球探测活动经历了远距离飞越、硬着陆、软着陆、绕月飞行、登陆月球等阶段。在前四个阶段里，苏联一直遥遥领先于美国，在无人探测月球领域里创造了许多"第一"，但是，在最后的载人登月阶段，美国却捷足先登，直到今天，月球上仍然只留下了 12 名美国航天员的脚印。

　　进入 21 世纪后，曾经沉寂了 20 多年的月球再度成为各国瞩目的热点和焦点。随着欧洲、印度、日本和中国接连宣布自己的探月计划，新一轮的"月球热"正在世界范围内蔓延。

起于叹月，兴于探月
——人类艰难的探月历程

月球出现在古老传说和科幻小说中，被誉为是赐予人类力量的天堂，是纯洁和美好的象征。

人类对月球的探索，从举头望明月时的翩翩浮想开始。嫦娥奔月、吴刚伐桂……中国有许多关于月亮的美妙传说。月亮也出现在很多脍炙人口的诗词歌赋中，寄托了人们的无限情思。

月球是人们心心向往的地方。随着科学的发展，人们已经不仅仅在叹月，而是开始了探月的历程，从1958年美苏启动探月计划开始，探索从未停止。

◆举头望明月

叹月之声：幻想与希望并存

英国中世纪有一本小说《月中人》，书中这样描述月亮：那里没有绝望，没有动乱，也没有战争；居民们讲着音乐一般的语言，他们有着和地

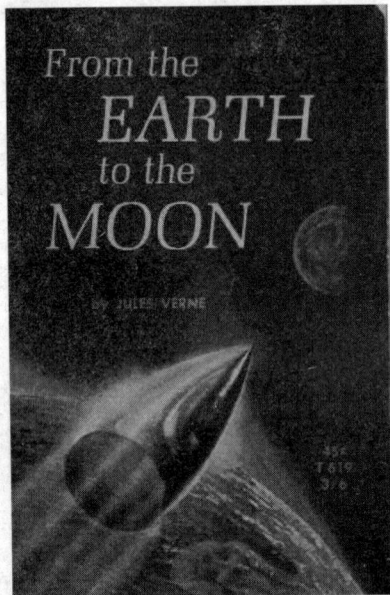

◆预言火箭发射等基本航天活动的科
幻小说《从地球到月球》

球人相似的长相，只是头大一些，这就
使得月球居民比地球人更聪明……

1865年法国出版了科幻小说：《从
地球到月球》，作者想象力非常丰富，
他预言了火箭发射、失重、变轨飞行、
海上回收等航天活动，这和后来航天科
学发展的实际情况有惊人的相似。

想象力是科学发展的重要助力。
"许多早期的火箭和航天专家，都是带
着丰富的想象力和严谨的科学态度，开
始最初的月球探索的。"中国卫星专家、
中科院院士叶培建在接受新华社记者采
访时这样说。

人物志——命中注定的航天专家——叶培建

叶培建，空间飞行器总体、信息处
理专家，我国绕月探测工程、"嫦娥一
号"卫星系统总指挥兼总设计师。

叶培建1945年1月出生于江苏泰
兴胡庄镇。1962年毕业于湖州中学，
1967年毕业于浙江大学无线电系，1985
年在瑞士纳沙泰尔大学获科学博士学
位。现任中国空间技术研究院研究员，
主要从事卫星总体设计和信息处理研究
工作。他是天生的航天天才，在我国航
天领域作出了重要贡献。他主持制订我
国第一代传输型对地观测卫星总体方案

◆叶培建

及各个分系统的设计，优化卫星总体方案，组织领导并参与攻克七项技术难关；主持制定了电测、力学、噪声、EMC、热平衡与热真空等大型试验方案，组织了全部工程实施，保证了卫星有很高的技术指标；主持修订了后续两颗卫星的改进方案，提高了卫星性能和水平，已实现了双星组网运行；主持制定了我国月球探测卫星技术方案。在航天计算机应用领域，参与开发并基本建成了卫星与飞船设计的数据库、应用软件包和制造的计算机网络环境，在卫星研制中发挥了重要作用。

探月之路：辉煌与悲痛同在

人类历史上第一个系统观测月球的是意大利天文学家伽利略。1609 年，伽利略自制了一架直径不到 3 厘米的望远镜，并观测到了月球。尽管非常不清晰，但是伽利略仍然发现，月球并不像当时的天文家所宣称的那样光滑，是一个凹凸不平的球体，"完全不是完美球面上那样的圆滑"。伽利略的研究颠覆了很多人类已知的"成果"，也颠覆了一些宗教的教义，所以他的研究不但没有得到承认，相反还遭到了当时主流学者的反对。在漫长的岁月中，人类探索月球的脚步缓慢而艰难。但是，艰难中也有进步。

◆第一个成功到达月球的人造物体：苏联的无人登月器"月球 2 号"

在伽利略之后，有无数人在为探索月球而努力，也取得了很好的成就。尤其是美苏狂热地开展登月竞赛的那个年代，两国都在那场狂热的登月竞赛中，投入了天文数字的资金和设备，人类登月史也有了质的飞跃。

1959 年，第一个人造物体：苏联的无人登月器"月球 2 号"成功到达

◆1986年"挑战者"号航天飞机在发射73秒后忽然爆炸解体，造成机上7名宇航员全部遇难，许多看电视直播的观众目睹了这场悲剧

月球。

美国也不甘落后。5年以后，美国"徘徊者7号"月球探测器同样在月球上成功硬着陆。

1969年7月20日，人类迎来了航天史上的重要一刻，也是激动人心的一刻。美国宇航员阿姆斯特朗和奥尔德林成功登上了月球，并留下了人类在外太空的第一个脚印。此后的3年中，共有12名美国宇航员登上了月球。

以上是探月过程中令人激动的成功时刻。然而，成功并非常在，有专家指出"成功率不到50％"。人类为了探月的执著梦想付出了不菲的代价。

在早期探月活动中，火箭故障率高发是导致探测行动失败的主要原因，随着火箭技术的发展和成熟，近年来探月活动的大部分故障主要集中在探测器上。

1986年"挑战者"号航天飞机爆炸是人类探月史上的一个巨大悲剧。然而，这些失败并没有阻挡人类进军月球的决心和脚步，因为月球对人类的吸引力是巨大的。

人类为什么要登月

虽然月球只是太空中亿万星辰中的小小一员，但它却并不仅仅是一颗小星星。对人类而言，月球是人类踏足浩瀚宇宙的前哨站，更是人类赖以生存的资源存储宝库。月球上有对人类来说价值惊人的资源。月球上硅、铝、铁等金属资源十分丰富，是未来地球矿产资源的巨大储存库。地球上稀缺的铀、稀土等资源，在月球上也相当充足。月球的玄武岩中钛铁矿的体积占25％，钛储量大概在100万亿吨以上。将来人类可以直接用它生产水、液氧燃料等资源。尤其值得一提的是月球土壤中特有的氦－3。这是一种高效、清洁、安全的核聚变燃料，1吨氦－3所产生的电量足以供全人类使用1年。月球表面土壤中氦－3的含量可达几百万吨。这将改变人类社会的能源结构。

◆月球土壤中特有的丰富的氦－3可用于发展核电

◆在月球上建立天文观测站可观察超新星爆炸

月球还是研究月球科学、天体化学、空间物理、生命科学、对地观测科学与材料科学的理想场所。因为月球表面具有高真空、无磁场、地质构造稳定、弱重力和高洁净的环境；月球背面不受地球无线电波干扰，建立月球天文观测基地、生物制品和新材料实验室，对地观测站和深空探测前哨站均具有重大的政治和科学意义。在月球上建立天文观测台（站）可以不受地球大气层限制，波段可以从伽马射线一直到长无线电波。在月球上你可以设置一个任何波段的干涉仪阵列，月面上异常宁静的环境可以保证其测量精度。此外，一些天文物理现象如超新星爆炸和伽马射线爆裂可以用不同波段进行观测研究。因此，人类对月球的探测能力，可以大幅度地提升一个国家的深太空探测能力和整体的航天水平。月球对全人类都有着巨大的吸引力。

功亏一篑
——苏联的探月史

冷战期间，美苏两国开展了白热化的太空竞赛。苏联人曾一度占尽了优势，他们似乎总是与一连串的"第一次"联系在一起：第一次成功发射人造地球卫星；第一次成功拍摄到月球背面的照片；第一次载人太空飞行；第一次太空漫步；第一名女宇航员上天等等。但是，出人意料的是，最早登上月球的却是美国人。1969 年 7 月 16 日，美国成功发射载人登月的"阿波罗—11"号飞船，率先跨出人类历史上的"一大步"。苏联曾号称"世界头号航天巨人"，为何率先实现载人登月这一"光荣与梦想"的不是苏联人呢？本节将为您讲解苏联的探月史。

◆苏联 19 世纪 60 年代准备用于载人登月的"N—1"运载火箭，起飞吨位达到 2700 吨，虽然 4 次飞行试验都遭到失败，在美国登月成功后被取消，但是这寄托了苏联人对探月的无限期望

从登月服到登月车，苏联人
为登月做了充分的准备

◆加加林首次太空旅行

苏联在美苏之间的太空竞赛中一度占尽优势。在加加林完成了人类历史上的首次太空旅行后，苏联又把目光聚焦到月球上，力求再创造一个"第一次"——率先实现载人登月！为此，苏联科学家做了非常充分的准备，不仅发射了绕月飞行的人造卫星，还研制了大量登月工具，从由地面遥控的无人月球探测器到无人登月车，再到宇航员的登月服，应有尽有。我们来看看苏联的辉煌业绩吧。

人类首次飞掠月球：1959年1月，苏联"月球一号"探测器从距月球约6000千米处飞过，实现人类首次飞掠月球（世界上第一个月球探测器是1958年美国研制的先驱者零号，但由于火箭爆炸而失败）。这是人类首颗抵达月球附近的探测器，在飞行过程中测量了月球磁场、宇宙射线等数据。

成功发射第一个落在月球上的人造物体：1959年9月，苏联"月球二号"探测器在月球表面实现硬着陆，这是第一个落在月球上的人造物体。在撞击月球之前，"月球二号"向地球发送了月球磁场和辐射带的重要信息。

人类首次获得月球背面图片：1959年10月，苏联"月球三号"传回第一张月球背面照片，虽然只有月背70％的面积，但是这是人类首次获得月球背面图片，也是人类第一次看到月球背面的景象。

人类首个在月球上实现软着陆的探测器：1966年1月，苏联成功发射首个在月球上实现软着陆的探测器"月球九号"。"月球九号"在随后的4

天中发回了包括着陆区全景图在内的高分辨率照片。

人类首个环月飞行的月球探测器：1966 年 4 月，苏联的"月球十号"成为首个环月飞行的月球探测器，比美国的月球轨道器 1 号提前 4 个多月进入绕月飞行轨道。

人类首次实现月面自动采样并返回地球的探测活动：1970 年 9 月，苏联发射的"月球十六号"在月面丰富海软着陆，它由地面遥控，成功完成了月面自动采样，首次使用钻头采集了 101 克月壤样品并安全返回地球。这是人类首次实现月面自动采样并返回地球的探测活动。1970 年 9 月至 1976 年 8 月，苏联共发射 5 个自动采样探测器，其中的月球"十六号"、"二十号"和"二十四号"成功取回月球样品。

人类第一辆自动月球车飞抵月球：1970 年 11 月，苏联发射的"月球十七号"载着世界上第一辆自动月球车飞抵月球。该月球车长 2.2 米，宽 1.6 米，重 756 公斤，装有电视摄像机，核能源装置。在月面雨海着陆后进行了为期 10 个半月的科学考察，到 1971 年 10 月 4 日核能耗尽停止工作。1973 年苏联将月球车 2 号送上月球。与美国的"阿波罗"登月车相比，苏联的无人

◆首次传回月背照片的苏联"月球三号"探测器

◆人类首次看到的月球背面景色由苏联探测器获得

◆苏联制造的首个登陆月球的自动月球车：月球车1号

登月车体积只是前者的一半，重量只有前者的三分之一，还可以自动地对月球地貌进行拍照并分析岩石、土壤样品，这不像美国"阿波罗计划"那样，要依靠登月宇航员亲自完成。1976年8月，苏联成功发射"月球二十四号"探测器，宣告完成对月球的无人探测。

N1 号火箭屡屡出事，苏联登月计划最终化为泡影

苏联已经拥有了绕月球飞行的人造卫星，研制出了登月车，甚至连登月服等制好了，真可谓是"万事俱备"。但苏联人为什么还不登月呢？原因很简单，那就是"只欠东风"——苏联人始终没有能够制造出像美国"阿波罗计划"中的"土星5号"那样的功率强大而且性能稳定的运载

TUJIE
YUQIU

◆苏联用于载人登月的N—1运载火箭，吨位达2700吨

火箭。

苏联为登月计划而设计的火箭名为N—1号，共制造了10枚。设计并制造这种"巨无霸"式的火箭的最初目的，是将代号为"苏联月亮"的人造卫星送入太空。说N—1号火箭是"巨无霸"绝对名副其实：第一级发动机由30台大功率火箭发动机组成的，使用煤油和液氧作燃料。从空气动力学角度看，一枚火箭使用如此多发动机无疑存在着致命的缺陷：一方面，众多发动机之间根本无法做到助推力的有效平衡；另一方面，为这些发动机分别添加燃料是件极其令人头痛的事情，而且极易出现事故。这承载了苏联人太多期望的"巨无霸"，在拜科努尔航天发射中心总共试射了4次，每次都以悲剧和灾难收场。

后来调查四次爆炸的故障可能均出自第一级，证明多级并联的技术在实际应用中很不可靠。

在外界看来，苏联似乎对登月没有采取什么动作。直到20多年后，苏联的载人登月计划才被外界证实。1989年年底，美国麻省理工学院和加州理工大学几位教授访问苏联，在莫斯科航空学院亲眼见到了当年登月计划的一些设施。1990年，当年登月计划的主设计师米申在应邀来华时也证实了20世纪六七十年代登月计划的存在。

万花筒

也许是历史开了个玩笑

1976 年，耗资巨大的 N－1 号火箭项目被迫下马，苏联太空署署长黯然下令将剩余的 N－1 号火箭硬件设施全部拆毁。可是，它们中的相当一部分还是被阴差阳错地保留了下来。也许是历史开了个玩笑，到了 1997 年，94 台未被销毁的 N－1 号火箭发动机被卖给了美国的一家公司，它们最终又被组装进了美国研制的新型火箭中。

小贴士——苏联一连串的"第一次"

◆苏联第一次把小狗送入绕月轨道

在太空争霸竞赛的最初五年里，苏联拥有一连串的"第一次"：第一次成功发射人造地球卫星；第一次把小狗送入绕月轨道；第一次由无人探测器与月球接触；第一次拍摄到月球背面的照片；第一次使小狗从绕月轨道上安全返回；第一次发射金星探测器；第一次载人太空飞行；第一次发射火星探测器；第一次载人太空飞行；第一次太空漫步；第一名女宇航员上天。

轶闻趣事——小狗"勇敢"发射前突然逃跑

在苏联的一次发射中，有两个动物试验对象，其中有一只名叫布瑞福（勇敢之意）的小狗。在发射前的傍晚，试验员带它外出散步。趁试验员不小心松开链条，布瑞福纵身一跃，像脱缰的野马般飞奔出去。似乎已经意识到等待它的将

从不凄凉的苍凉世界——人类探月史

◆训练中的宇航狗

是一次非同寻常的危险的太空之旅，它拼命向西伯利亚一带没有树木的大草原跑去，不论人们怎样呼喊，它再也没有回来。

少了一只试验对象，该怎样办呢？他们想将这件事报告给当时的苏联火箭和卫星工程的主要负责人，但"放跑"布瑞福的试验员突然建议可以用一只在军队餐厅游荡的当地狗来作为逃跑的布瑞福的替补。于是，试验员在当地狗中挑选了一只体形适宜的杂种狗，给它洗净身子，将需要安放传感器的部位的毛剪去，并且给它穿上太空服。

发射进行得非常顺利，两只动物均安然无恙地返回了地球。走到降落舱跟前时，主要负责人科罗廖夫立刻注意到了"机组成员"的不同，他发现了那位替补，震惊地说道："你们从哪儿搞到这只狗的？它叫什么名字？"旁边的人只能如实告诉他，它的名字叫兹布，并向他解释了发射前的那个傍晚所发生的事。就在这时，试验员走过来，并告诉大家，那只狡猾的布瑞福已经回来了，现在正在它的窝里呼呼大睡呢。

俄罗斯的登月行动和计划

　　苏联在登月计划中可以说是功亏一篑。苏联解体之后，登月行动虽被冷落一时，但是，其实力犹在。俄罗斯在延续着属于他们的荣誉。俄罗斯计划在 2007 年至 2015 年间完成国际空间站俄罗斯舱段的组装任务，使其具备此前国际协议中指定的技术结构，进而成为完全符合要求的太空科研综合体；在 2015 年之前使国际太空站完全胜任太空轨道上的工作；2025 年之前将自己的宇航员送上月球；2027 年至 2032 年间在月球上建立常驻考察基地，2035 年后开始实施火星计划。

阿波罗神迹
——美国的载人登月工程（一）

与苏联的辉煌相比，美国的起步显得更为艰难。美国探月初期发射了五颗"先驱者"探测器，几乎没有一个获得成功。失败的主要原因是，火箭没有足够的推力使之达到地球的逃逸速度并送到月球轨道，虽然"先驱者"4号勉强成功，但它飞越月球时距离月球尚有近6000千米之遥，因此它的探测仪器基本没有发挥作用。

美国于20世纪60年代至70年代初组织实施载人登月工程，被称为"阿波罗"计划。这是世界航天史上具有划时代意义的一项成就。该工程始于1961年5月，结束于1972年12月，登月6次，历时约11年，耗资255亿美元。在该工程的高峰时期，参加工程的有2万家企业、200多所大学和80多个科研机构，总人数超过30万人。如此惊人的人力、物力投入是空前绝后的。下面就让我们来具体看一下这个波澜壮阔的浩大工程吧！

阿波罗登月计划的由来

◆提出阿波罗计划的美国总统约翰·肯尼迪

◆太阳神阿波罗和太阳符号

1961年4月12日，苏联宇航员加加林首次进入太空。这一消息使美国举国震惊。当时的总统约翰·肯尼迪意识到这表明苏联在航天技术上已领先美国一步，也就是说在科技竞赛中美国处于劣势了，他认为"这是继苏联第一颗人造地球卫星上天之后，对美国民族的又一次奇耻大辱！"为了迎接苏联的太空挑战，美国人决心不惜一切代价，重振昔日科技和军事领先的雄风。

肯尼迪提出在10年内将美国人送上月球，他说："我相信国会会同意，必须在本十年末，将美国人送上月球，并保证其安全返回"，"整个国家的威望在此一举"。于是，美国航宇局制订了著名的"阿波罗"登月计划。

阿波罗是古希腊神话传说中的太阳神，掌管诗歌和音乐，传说他是月神的同胞兄长，曾经用金箭杀死巨蟒，替母亲报仇雪恨。美国政府以这位能报仇雪恨的太阳神来命名登月计划，其心情可想而知。

两个月后，美国科学家为实施"阿波罗"登月计划拿出了4种方案，即"直接登月"、"地球——轨道会合"、"加油飞机"、"月球表面会合"，但是，每种方案都存在着各种不易解决的

从不凄凉的苍凉世界——人类探月史

问题。

正当美国科学家们和政府首脑犹豫不决时，一位名叫约翰·霍博尔特的太空署工程师提出了第5种方案——"月球轨道会合"方案：从地球上发射一支推力为750万磅的"土星"5号火箭，将载有3个宇航员的"阿波罗"太空船推向月球。太空船绕着月球轨道运行，但不在月球降落，而

◆月球轨道会合登月方法的提出者

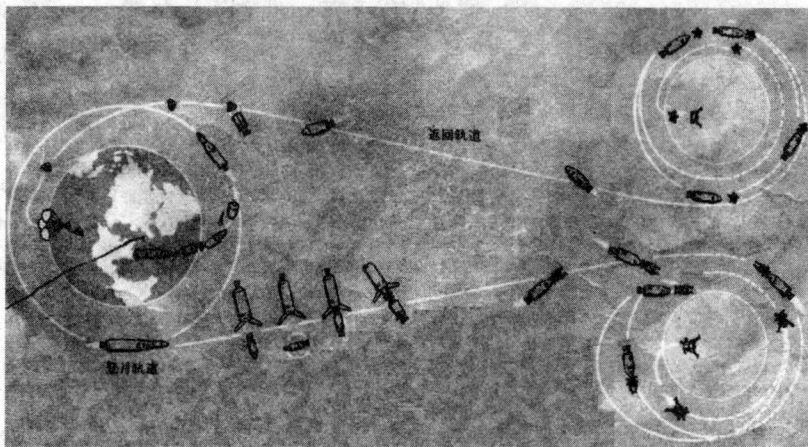

◆"阿波罗"号飞船载人登月和返回的轨道示意图

是分离出一艘小的登月舱。2名宇航员随着登月舱依靠倒退火箭到达月球表面，第3名宇航员则留在太空船上。他的两个同伴负责勘察月球表面，他则一路环绕月球飞行。勘察工作结束后，月球上的两位宇航员就引发登月舱上的火箭，重新和太空船会合。3名宇航员再共同乘坐太空船，引发火箭回到地球。这比前四种方案的可行性好很多。于是，科学家们决定采用"月球轨道会合"方案。

为了实现这一宏伟计划，美国国家航天局的科学家和工程师们，要设计制造一艘宇宙飞船即"阿波罗"号，大小与火车头相近。为了发射这个飞船，还要制造一个具有强大推力的火箭，与足球场差不多长。此外，科学家们还要建一座大型的太空中心——月球港，它要拥有车间、试验室和办公室等配套设施。他们还在全世界建立了一系列跟踪站；为宇航员们建立了训练中心，在这个中心里，同时还建造了"登月模拟装置"。

飞船的强大推手：运载火箭

"阿波罗"号飞船要使用具有强大推力的"土星"号运载火箭发射。

美国为载人登月的"阿波罗"工程研制了三种巨型运载火箭："土星"1号、"土星"1B号和"土星"5号。"土星"5号是三级火箭，全长110.6米，起飞重量为3038吨，采用惯性制导系统，低轨道运载能力为118吨，逃逸轨道运载能力为47吨。火箭第一级长42米，直径10米，到尾段底部直径增大为13米，装有4个稳定尾翼，翼展约18米。第一级装有5台F-1发动机，以液氧和煤油为推进剂，总推力达33350千牛。第一级还有2个直径10米的用桁条和隔框加固的铝制推进剂贮箱。第二级长25米，直径10米，推进剂为液氧液氢，装有5台J-2发动机，真空总推力达5109千牛。第三级采用"土星"1B号火箭的第二级，仪器舱也与"土星"1B号的相同。

◆ "土星"5号运载火箭

"阿波罗"号飞船

"阿波罗"号飞船由指挥舱、服务舱和登月舱3个部分组成。

指挥舱

指挥舱是宇航员在飞行中生活和工作的座舱，也是全飞船的控制中心。"阿波罗"号飞船的指挥舱为圆锥形，高3.2米，重约6吨，分前舱、宇航员舱和后舱3部分。前舱放置着陆部件、回收设备和姿态控制发动机等。宇航员舱是密封舱，存有宇航员生活14天需要的必需品和救生设备。后舱装有10台姿态控制发动机、各种仪器和贮箱等。

◆指挥舱

服务舱（中国习惯称推进舱）中安置推动系统（燃料、氧气罐、机动喷口）以及各种设备。在返回大气层前，服务舱被丢弃。

服务舱

服务舱前端与指挥舱对接，后端有推进系统主发动机喷管。舱体为圆筒形，高6.7米，直径4米，重25吨左右。主发动机的作用是轨道转移和变轨机动。姿态控制系统由16台火箭发动机组成，在飞船与第三级火箭分离、登月舱与指挥舱对接和指挥舱与服务舱分离等过程中也有重要作用。

◆ "阿波罗－13"号服务舱

登月舱

登月舱由下降级和上升级两部分组成，地面起飞时重14.7吨，宽4.3米，最大高度约7米。

上升级是登月舱主体，由宇航员座舱、返回发动机、推进剂贮箱、仪器舱和控制系统组成。座舱可以容纳2名宇航员（但无座椅），有导航、控制、通信、生命保障和电源等设备。宇航员完成月面活动后可驾驶上升级返回环月轨道与指挥舱会合。下降级由着陆发动机、4条着陆腿和4个仪器舱组成。

铺垫：试验飞行

◆登月舱的两部分：降落部分（下）和起飞部分（上）

美国于1966至1968年制造了6艘"阿波罗"飞船，进行了6次不载人飞行试验，在近地轨道上鉴定飞船的指挥舱、服务舱和登月舱，考验登月舱的动力装置。1968至1969年，发射了"阿波罗"7、8、9号飞船，进行载人飞行试验，主要目的是作环绕地球、月球飞行和登月舱脱离环月轨道的降落模拟试验、轨道机动飞行和模拟会合、模拟登月舱与指挥舱的分离和对接等，以检验飞船的可靠性。1969年5月18日，美国发射了"阿波罗－10"号飞船，演练了登月的全过程，绕月飞行了31圈，两名宇航员乘登月舱下降到离月球表面15.2千米处。

TUJIE
YUQIU

鹰起鹰落——美国的载人登月工程（二）

1969年7月16日，"阿波罗—11"号载人飞船载着3名航天员，史无前例地启程飞往月球，开始执行人类首次对月球的冒险探测行动。飞行约38万公里的距离，"阿波罗—11"号终于在5天后抵月球轨道。人类的两位使者，航天员阿姆斯特朗及其同伴奥尔德林要驾驶登月舱进行登月下降。另一名航天员则驾驶指挥舱继续绕月球轨道飞行，与登月舱的同事保持通讯联系，一

◆ "阿波罗—11"号飞船上的三位宇航员。左起：指令长尼尔·阿姆斯特朗，指令驾驶员迈克尔·柯林斯，登月舱驾驶员埃德温·奥尔德林

旦登月活动发生意外或危险，负责救援，同时进行科学考察。最后，登月舱在月球的静海着陆。那么，航天员们是如何登月的？登月以后又进行了什么活动？他们是如何返回地球的？让我们一起看看吧。

任务介绍

发射与登月

"阿波罗—11"号飞船的发射现场吸引了超过一百万的人群，全世界观看发射现场直播的观众达六亿人，创造了历史纪录。时任美国总统理查德·尼克松也在白宫椭圆形办公室里观看了现场直播。

装载着"阿波罗—11"号的"土星"5号火箭于当地美国时间1969年

◆装载着"阿波罗－11"号的土星5号火箭发射升空

◆"阿波罗－11"号飞船的着陆点："静海基地"

7月16日9时32分在肯尼迪航天中心发射升空，于12分钟后进入地球轨道。环绕地球一圈半后，第三级子火箭点火，航天器开始向着月球而航行。30分钟后，指令/服务舱从"土星"5号火箭分离，与转向后同登月转接器中的登月舱连接。

发射三天后，也就是7月19日"阿波罗－11"号经过月球背面，并很快点燃主火箭进入月球轨道。在绕月的过程中，三名宇航员在空中辨认出了计划中的登月点。

宁静海南部是"阿波罗－11"号的登陆点。之所以选择这个登陆点是因为它比较平整，在降落和舱外活动时不会有太多困难。登陆之后，阿姆斯特朗将登陆点称为"静海基地"。

7月20日，当飞船在月球背面时，"鹰号"登月舱从"哥伦比亚号"指挥舱中分离。柯林斯独自一人留在"哥伦比亚"指挥舱上，他的任务是留在指令舱中并绕月环行，在后续的24个小时中监测控制中心与"鹰号"登月舱之间的通讯并祈祷登月一切顺利。如果"鹰号"登月舱发生了意外，不能够从月面起飞的话（这种可能性极大），

柯林斯就只能独自一人返回地球。

阿姆斯特朗和奥尔德林很快启动了登月舱的推进器并开始下降。他们

TUJIE
YUQIU

很快意识到它"飞过头"了：在他们向月面降落时，表明计算机过载的警报器响起。登月舱在下降弹道中多飞了 4 秒，也就是说登月点会离计划点若干千米远。导航计算机出现了若干次异常程序警报。

◆从"阿波罗—11"号指挥舱拍摄的地球

在休斯敦的约翰逊太空中心，飞行控制指挥官史蒂夫·贝尔斯面临一个关键的、一刹那间的抉择——终止登月计划或者命令宇航员按照计划行动，不理会登月舱计算机出现的问题。他最终选择了后者。不过，贝尔斯后来承认，他是"凭着直觉"允许阿姆斯特朗尝试登月的。他们已经飞过了预选着陆区，而且燃料也很快就要耗尽。此时，阿姆斯特朗选择手动控制登月舱。登月舱不断下降，燃料开始耗尽。当登月舱位于月面上空大约 9 米时，所剩燃料仅仅够用 30 秒钟。阿姆斯特朗冷静地在布满砾石和陨石坑的月面找到了一处适合着陆的地方，并驾驶登月舱稳稳降落在月球上。

◆绕月轨道上的登月舱

◆登月舱内部

阿姆斯特朗和奥尔德林互看了一眼，会心地笑了。休斯敦飞行控制中心内鸦雀无声，大家都在静静地等待着。终于，他们听到了阿姆斯特朗的声音："休斯敦，这里是静海基地。'鹰'着陆成功。"飞行控制中心马上爆发出一阵热烈的欢呼

◆ "阿波罗" 11号宇航员奥尔德林

声。而在登月舱的阿姆斯特朗和奥尔德林也把手伸过仪表盘，默默地握了一下。

登月过程中的程序警报是"执行溢出"，这意味着导航计算机无法在规定时间内完成预定任务。后来研究发现，溢出的原因是登月舱的对接雷达在降落时没有关闭，使得计算机仍然监视并没有使用的雷达。由于在紧急关头的一句"继续"，总指挥官史蒂夫·贝尔斯后来获得了一枚总统自由勋章。

在登月舱降落六个半小时后，阿姆斯特朗扶着登月舱的阶梯踏上了月球，他后来说道："这是我个人的一小步，但却是全人类的一大步。"奥尔德林不久也踏上月球，两人在月表活动了两个半小时，用钻探取得了月芯标本，拍摄了一些照片，也采集了一些月表岩石标本。

◆地面控制室里的庆祝

◆ "阿波罗—11" 号的地面办公室

月面上升

完成任务后，奥尔德林先爬进了登月舱，之后两名宇航员一起用一种被称为月面器材传送带的扁平索滑轮装置费力地将拍摄的胶片和 2 个装有 21.55 公斤月面样本的盒子运进登月舱。随后，阿姆斯特朗爬进了登月舱。为了减轻登月舱上升级的重量以返回绕月轨道，他们在转换到登月舱上的生命保障系统后，开始将宇航服上面的 PLSS（便携式生命保障系统）背包、相机、月面套鞋和其他一些设备抛弃在月面上。

与"哥伦比亚"号会合之后，"鹰号"登月舱被抛弃并留在绕月轨道上。国家航空航天局报告称，"鹰号"的轨道将逐渐降低并最终在"某一地点"与月球相撞。

返回地球

三名宇航员们于 7 月 24 日返回地球，并受到了英雄般的欢迎。他们的溅落点为 N13°19′，W169°9′，维克岛以东 2660 千米，或约翰斯顿环礁以南 380 千米，距离回收船"大黄蜂号" 24 千米。在溅落约一小时后，宇航员们被回收直升机发现，之后他们进入了一个被用做隔离设施的拖车。尼克松总统亲自登上了回收船欢迎宇航员从月球返回地球。

▲返回地球的溅落点

为了避免从月球带回未知病原体，"阿波罗－11"号的三位宇航员在返回地球后便被隔离。三周之后（一周在拖车中，另外两周在林肯·约翰逊宇航中心的月球物质回收和回归宇航员检疫实验所），宇航员们并没有发生任何异常事情。1969 年 8 月 13 日，三位宇航员离开了隔离区并接受美国民众的欢

▲登月任务结束后的欢庆

◆尼克松总统欢迎宇航员返回地球

呼，同一天，纽约、芝加哥和洛杉矶都进行了为他们庆祝的游行。

当晚，美国在洛杉矶为"阿波罗－11"号成员举行了国宴，出席宴会的有国会议员，44位州长，首席大法官和83个国家的大使。总统尼克松和副总统斯派罗向每位宇航员颁发了总统自由勋章。然而，这次庆典只是一个长达45天的被称为"一大步"的巡游的开始。在这次巡游中，宇航员们去了25个国家，还拜访了许多著名人物包括伊丽莎白二世女皇。许多国家为庆祝第一次载人登月成功都发行了纪念邮票或纪念币。

广角镜——美国国家航空航天局

美国国家航空航天局（National Aeronautics and Space Administration）简称NASA，是美国联邦政府负责太空计划的政府机构，负责美国的太空计划。它的总部位于华盛顿哥伦比亚特区，拥有最先进的航空航天技术，在载人空间飞行、航空学、空间科学等方面有很大成就。它参与了包括美国"阿波罗"计划、航天飞机发射、太阳系探测等在内的众多航天工程，为人类探索太空作出了巨大的贡献。

◆NASA

1958年7月29日，艾森豪威尔总统签署了《美国公共法案85—568》，并创立了NASA。1958年10月1日，NASA正式成立。它的远景目标和使命是"改善这里的生命，把生命延伸到那里，在更远处找到别的生命"。NASA的目标是

从不凄凉的苍凉世界——人类探月史 《《《《《《《《《《《《《《《《《《《《

◆肯尼迪航天中心

"理解并保护我们赖以生存的行星；探索宇宙，找到地球外的生命；启示我们的下一代去探索宇宙"。

　　NASA被广泛认为是世界范围内太空机构的领头羊。它经过不断调整，组建了肯尼迪航天中心、约翰逊航天中心、太空飞行器中心等机构。现在，NASA已经成为世界上所有航天和人类太空探险的先锋。在太空计划之外，NASA还对民用以及军用航空太空进行了长期研究。

链接："阿波罗—11"号资料一览表

名称	"阿波罗—11"号
指令/服务舱呼号	哥伦比亚号
登月舱呼号	鹰号
运载火箭	土星5号 SA—506
成员人数	3
发射时间	1969年7月16日世界时13：32：00
发射地点	佛罗里达州肯尼迪航天中心 LC39A
登月时间	1969年7月20日世界时20：17：43

名称	"阿波罗—11"号
登月地点	北纬0度40分26.69秒，东经23度28分22.69秒静海
降落时间	1969年7月24日世界时16：50：35
降落地点	北纬13度19分，西经169度9分
任务时间	8天13小时18分钟35秒
月球轨道时间	58小时30分钟25.79秒
月表停留时间	21小时36分钟20秒
月表行走时间	2小时31分钟40秒
指令舱质量	30，320千克
登月舱质量	16，448千克
月球标本质量	21.55千克

"阿波罗—11"号登月十大发现

◆阿波罗十大发现之一：月球不是一个原生物体

科学家表示，他们对月球以及整个太阳系的了解很多都是由"阿波罗—11"号的宇航员证实和揭示出来的，当然，对宇航员带回来的月球岩石和尘埃的研究也起了很大作用。NASA已公布了阿波罗登月计划的十大发现：

1. 月球不是一个原生物，而是一颗逐步演化而成的拥有类似于地球内部结构的"陆行星"；

2. 月球产生的时间很久远；

3. 月球最年轻的岩石比地球的"老"：最初，月球和地球可能受到相同的过程和事件影响，但是，这些过程和事件留下的痕迹只有在月球上才能找得到。

4. 月球和地球是近亲：月球岩石和地球岩石上氧化物同位素有的惊人相似，这表明月球和地球可能来自于同一个祖先。

5. 月球上无生命迹象：科学家对从月球采集的样品进行了测试，没有找到任何过去或者现在的生物迹象。即使是非生物的有机化合物也找不到。这可能是陨石污染造成的。

6. 月球岩石经过高温形成：这些岩石的形成过程几乎与水完全无关，可以大致分为 3 类：玄武岩，钙长石和角砾岩。

7. 早期月球的深处是"岩浆海洋"；

8. 小行星在月球表面撞出大坑；

9. 月球的体积结构稍微不对称：月球外壳在远侧一方相对较厚；在靠近地球一侧则有很多火山盆地，而且它们的质量浓度比远侧浓很多；月球内部的质量浓度也不均匀，相对于它的几何中心，月球质量的中心要偏向地球几千米远。这也许是由于它在演化过程中受到了地球万有引力的影响。

10. 表面被岩石碎片和灰尘覆盖：这就是所谓的月球风化层，是在地质时期由于无数的陨石冲击而产生的。表面岩石和矿石中含化学元素和由于太阳辐射而产生的同位素。因此，月球完整记录了 40 亿年的太阳历史，我们可以从中解读出独特的太阳辐射的历史，这在别的地方是不大可能找得到的。这也是我们理解地球气候变化的一个重要因素。

疑为骗局

"阿波罗登月计划"在取得举世瞩目的成绩的同时，也有另一种声音，有人认为这是一场骗局！这在美国引起了强烈反响。以著名物理学教授哈姆雷特为代表的人士肯定"骗局论"，他们认为阿波罗登月造假有以下依据：

1. 阿波罗登月照片纯属伪造

根据美国宇航局公布的资料计算，登月时太阳光与月面间的入射角只有 $6°\sim7°$ 左右，但那张插上月球的星条旗的照片（见下图）显示，阳光入射角约近 $30°$。

◆阿姆斯特朗登月遭怀疑

◆太阳在背后，宇航员前胸一片明亮，这就好像前方有泛光灯在照明一样

2. 阿波罗登月录像带在地球上摄制

通过分析登月录像，宇航员在月面的跳跃动作和高度等不符合月面行走特征，而是与地面近似。

3. 月面根本没有安装激光反射器

根据美国某天文台的数据计算得知，现在在地球上用激光接收器接收到的反射光束的强度只是反射器反射强度的1/200。实际上，这个光束是由月亮本身反射的。也就是说，月球上根本没有安装什么激光反射器。

4. 阿波罗计划进展速度可疑

美国到1967年1月才研制出第一个"土星五号"火箭，1月27日做首次发射试验，结果不幸失火导致三名宇航员被熏死。随后重新设计登月舱，硬件研制推迟了18个月，怎么可能到1969年7月就一次登月成功呢？

5. 对"土星五号"火箭和登月舱的质疑

现代航天飞机只能把20吨的载荷送上低轨，而当年的"土星五号"却能轻而易举地就把100吨以上载荷送上地球轨道，更将几十吨物体推出地球重力圈。如此强大的家伙为什么后来却弃而不用，而且据说

◆登月舱降落时没有在月面撞击出一个坑洞

至今对此沉默不言。相信不久的将来，"登月骗局"一定会水落石出。

连图纸都没有保存下来。

6. 温度对摄影器材的影响

白天月面温度可达 121℃。据图片看，相机露在宇航服外而没有采用保温措施，而胶卷在 66℃ 就会受热卷曲失效，在月面的白天高温下怎么拍得了照片？

支持登月骗局论的人士认为，对以上这一切美国政府一直没有交代，而知情者可能由于担心自身生活和安全，或者直接遭到了胁迫，诞生于美苏太空竞赛年代的"登月

破解登月疑云

进入 21 世纪，人们对登月的争论从未停止，美国 Discovery 探索频道的节目《流言终结者》（Myth-Busters）曾经做过一期专门解释登月疑团的特别策划，经过大量模拟实验和对月球的激光反射后，最终结论是美国的登月行动是确实存在并成功了的，节目还驳倒了很多怀疑论者的"证据"，但怀疑论者的疑问仍存在。

◆解释登月疑团的节目：《流言终结者》

知识库——Discovery 探索频道

◆全球领先的纪实媒体机构：美国探索频道

探索频道（Discovery Channel）是由探索通信公司于 1985 年创立的，主要播放流行科学、崭新科技和历史考古纪录片。世界各地均有播放，但它会根据不同地区的文化风俗设立不同版本，播放不同类型的纪录片，并加上字幕或配音。美国版本主要放送写实电视节目，包括推理调查、行业介绍等，如著名的流言终结者系列；但也同时放映合家欢和儿童纪录片。亚洲各版本除了着重播放写实节目之外，也着重播放文化节目，如介绍中国、日本传统文化的一系列节目。

是巅峰，但不是终点

　　"阿波罗—11"号登月成功后，美国的载人登月活动继续进行。1972 年 12 月"阿波罗—17"号飞行结束，登月计划才算圆满完成。整个计划共发射了 7 艘载人登月飞船（从"阿波罗—11"号开始），除"阿波罗—13"号因服务舱的液氧箱发生爆炸，登月被迫取消，航天员安全返回地球外，其余的 6 次均取得了巨大成功，共有 12 名航天员成了月宫的 VIP

◆1972 年 12 月，"阿波罗 17 号"宇航员尤金·塞尔南驾驶送上月球的最后一辆月球车（总共 3 辆）。右边是登月舱的一条腿。"阿波罗 17 号"为美国的载人登月计划画上了圆满句号

嘉宾（"阿波罗—17"号宇航员尤金·塞尔南和哈里森·施密特是迄今最后一批涉足月球的航天员）。这些航天员在月球上共逗留了298小时45分钟，进行了110多个小时的月面活动（包括几十项科学试验和勘测）；拍摄了15000张月球的近距离照片和长达12千米的电影胶卷和许多录像带；移动距离近100千米；收集并带回了382千克的月球岩石和土壤标本；进行了多学科的试验和研究，在月球上安置了6个月震仪、5座核动力科学实验站等20多种自动测试仪器。科学家们利用这些仪器进行了大量的、多方面的科学实验，取得了前所未有的科学成果。

美国在"阿波罗"之后的探月行动和计划

在"阿波罗"计划取得巨大成功之后，美国并没有终止探月的步伐。1994年1月25日，美国再度发射"克莱门汀"号无人驾驶飞船，对月球地形和成分进行了普查性的高精度探测，为将来建立月球基地和月基天文台作准备。

万花筒

美国重返月球的长远计划

该计划分为三步：第一步，用机器人来探测月球；第二步，让航天员重登月球，并在月球建立适合居住的前哨站，安装科学仪器、月球取氧装置等设施；第三步，建立拥有受控生态环境生命保障系统的月球基地，可进行科学研究、月面建筑、运输、采矿及材料加工等工作。

1997年12月24日，美国开始了第一项月球商业探测项目。1998年1月7日，发射"月球勘探者"探测器，以寻找月球上的水为主要任务。

2004年1月，前任美国总统布什发表讲话，提议在2015年至2020年间让美国宇航员重返月球。2006年12月，美国宇航局公布"全球探索战略"和"月球基地计划"的初步构想。2008年10月美国宇航局用一枚运载火箭同时发射两颗月球探测卫星，前往月球的两极寻找适合的位置以建造月球基地。2010年派遣类似火星漫步者的机器人，在初步选定的位置着陆，实地进行勘测。在美国宇航局的计划中，如果所有的前期准备工作就绪，将在 2020 年开始建造月球基地。2027 年宇航员就可以乘坐带有氧气舱的月球车离开基地，前往月球表面更远的地方探险。

愿得明月时时有
——中国的探月之路

作为中国人你不可能不知道"嫦娥奔月",这个传说传承了无数代中国人奔向月球的梦想。无数中国人也为这一梦想付出了无数辛劳。2007年10月24日,这千年的期盼终于得以实现:中国第一颗自主研发的月球探测卫星"嫦娥一号"在长三甲火箭的护送下,在西昌卫星发射中心傲然腾空,踏上了38万千米的奔月征程,为"嫦娥"送去来自故乡人民的真诚问候。

"嫦娥一号"的发射,意味着我国"嫦娥工程"的正式启动,同时也标志着我国航天技术又迎来一次新的飞跃,是一件具有历史意义的大事,受到了所有中国人乃至世界各国的普遍关注。"嫦娥工程"将成为继成功

◆ "嫦娥一号"在西昌卫星发射中心成功升空

发射人造地球卫星和载人航天之后我国航天发展的第三座里程碑。

从 1962 年就开始的航天路

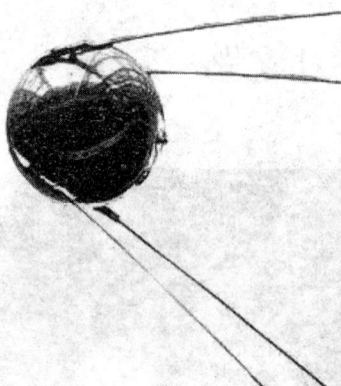

◆ 苏联发射的世界上第一颗人造地球卫星

◆中国科学院院士、中国探月工程首席科学家、"中国探月计划第一人"：欧阳自远

从 1962 年开始，中国的探月事业已走过近 50 年的艰难历程。1957 年，苏联成功发射世界上第一颗人造地球卫星。次年 5 月，毛泽东主席提出"我们也要搞人造卫星"。

1978 年，美方向当时的国家主席华国锋赠送了一块 1 克重的月岩样品作为礼物。当时的月岩样品研究者欧阳自远成为中国科学院院士、中国探月工程首席科学家、"中国探月计划第一人"。

20 世纪 70 年代，月球上的众多环形山中有一座被国际天文学者命名为"万户"。明朝的一位万户（明朝的一种官名）将自己绑在椅子上，两手各持一只大风筝，椅背上的 47 枚捆扎在一起的火箭被点燃——这位为飞天而粉身碎骨的万户成为人类文明史上第一个尝试用火箭飞天的人。

21 世纪初叶，中国载人航天工程获得成功，借着这股东风，中国航天事业迈向又一个里程碑——探月计划。

2004 年 2 月 13 日，国防科学工业委员会秘书长兼国家航天局副局长孙来燕向世人公布，中国的月球探测计划已经进入实施阶段：三年内，一颗属于中国的卫星开始绕月飞行；六年内，中国自己的月球车在月面上软着陆，并展开巡视探测；

从不凄凉的苍凉世界——人类探月史

◆明代万户火箭飞天

2020 年之前，中国研制的机器人将把月壤样品带回地球。

名人介绍："嫦娥之父"——欧阳自远

　　欧阳自远（1935—　　）是世界著名的天体化学家和地球化学家。他积极参与并指导制订了中国月球探测的近期目标与长远规划；他具体设计了国内首次月球探测的科学目标与载荷配置和第二、三期月球探测的方案与科学目标，是中国月球探测工程的首席科学家，被誉为"嫦娥之父"。

　　欧阳自远 1935 年 10 月 9 日生于江西吉安，原籍江西上饶。1952 年从永新中学（现为任弼时中学）毕业，之后在北京地质学院读了四年本科。1956 年毕业后又继续在中国科学院地质研究所攻读研究生。1961 年研究生毕业后留所从事科研工作。1966 年起在中国科学院地球化学所任研究室主任、副所长和所长等职。1980—1981 年和1983—1984 年他还在德国马普核物理研究所工作，任客座研究员。1991—1993 年担任中国科学院资源环境科学局局长。1991 年当选为中国科学

◆奥运火炬在贵阳传递，"嫦娥之父"欧阳自远传递中

院学部委员（院士）。2007 年 7 月，欧阳自远被贵州省遴选为贵州省首批核心专家。2008 年 6 月 13 日，他出任奥运圣火在贵州省传递的第一棒火炬手。

探月计划酝酿 10 年

◆栾恩杰作题为"面向 21 世纪的中国航天"专题发言

"探月计划算到今天，整整酝酿了 10 年。""嫦娥之父"欧阳自远院士介绍说，1994 年我国就提出了真正意义上的探月构想，此后的 10 年主要是在进行论证过程，而且是"那种反反复复地论证"。

2000 年 10 月首届"世界空间周"在北京召开，在庆祝大会上，国防科工委副主任、原国家航天局局长栾恩杰作了题为"面向 21 世纪的中国航天"专题发言。"我国将在无人实验飞船成功飞行的基础上，实现载人航天飞行。在空间探测方面，将实现月球探测，并积极参与国际火星探测活动，使我国的空间探测技术上升到一个更高的水平"。这是中

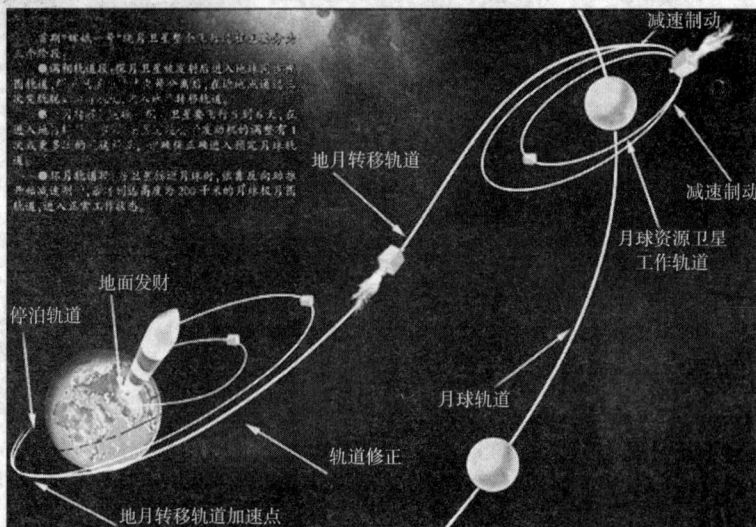

◆中国探月计划首期目标——"绕月探测卫星"发射步骤示意图

国高层首次公开表明探月的决心。

2000年11月22日，我国政府首次公布了航天白皮书——《中国的航天》，所列近期发展目标中包括"开展以月球探测为主的深空探测的预先研究"。

2001年，由欧阳自远院士牵头制订的"发射绕月卫星"第一期科学目标和有效载荷配置通过国家评审。2001—2002年间，孙家栋院士又组织全国各方面力量，对该目标又进行了为期一年的综合论证，最后得出的结论是：科学目标明确、先进，技术能够实现，没有颠覆性的技术问题。在中国自主研发的100多个航天器中，孙家栋担任主要负责人的就有34个，2009年，孙家栋院士获得国家最高科学技术奖。

为了千年的飞天梦：嫦娥工程

绕月探测工程是一个国家综合实力的体现。2004年1月23日国务院正式批准探月工程立项，中国正式开展月球探测工程，并命名为"嫦娥工程"。这是我国自主对月球的探索和观察。整个工程分为"绕、落、回"三个阶段。

◆嫦娥奔月

◆ "嫦娥一号"绕月卫星

◆ "嫦娥一号"是集体智慧的结晶

一期工程："嫦娥一号"绕月

北京时间 2007 年 10 月 24 日 18 时 05 分，我国成功发射"嫦娥一号"。这是我国自主研制的第一颗绕月卫星。

"嫦娥一号"有四大任务：一是做月球的三维立体地图。二是探测月球资源，月球矿产资源所包含的元素、成分、分布等对研究月球的起源和演化有非常重要的意义。美国已经做了 5 种元素分析，"嫦娥一号"力争做得更多。三是探测全月球月壤层的厚度以及氦－3 的资源量和分布。氦－3 地球上的资源严重匮乏，而月球上几乎取之不尽、用之不竭，它是可控核聚变的第二代燃料，有利于今后人类大量和平利用核能。国际上都非常关注，美国和欧洲也在考虑做。四是探测日－地－月空间的环境，这是我国第一次探测距离地球 40 万千米范围内的空间环境。

在"嫦娥一号"的整个研发过程中，我国的科研团队突破了很多技术难关，取得了很多创新。首先是变轨方案的设计：轨道的被设计为到 5.1 万千米变一次，12 万千米变一次，在 38 万千米时进入月球轨道，在离月球表面 200 千米的高空"刹车"，运行速度降下来，直到速度递减到合适空间。这样的设计集中很多人的智慧和心血，经过无数次讨论形成的，是集体的智慧的结晶，也是这次发射研究中的大亮点。

"嫦娥一号"到了月球上空，必须同时实现"三定向"：太阳帆板对日定向（主要目的是采集卫星需要的太阳能）；仪器对月定向（便于探测研究）；通讯对地定向（以便传回数据）。对月定向，是一个全新的课题，科学家研制出的紫外线敏感器成功解决了该问题。除中国外，目前仅少数国家掌握这一技术。

◆搭载着"嫦娥二号"卫星的长征三号丙运载火箭在西昌卫星发射中心点火发射

2007 年 11 月 26 日，"嫦娥一号"卫星传回的第一幅月面图像，拍摄的是月球背面的"万户撞击坑"。

2009 年 3 月 1 日 16 时 13 分，"嫦娥一号"撞月成功，为我国月球探测的一期工程，画上了圆满句号。

二期工程："嫦娥二号"先导，憧憬 2013

"嫦娥工程"的二期工程是落，即实现月球软着陆，用安全降落在月面上的巡视车、自动机器人来探测着陆区的岩石矿物成分，测定着陆点的热流和周围环境，进行高分辨率摄影和月岩的现场探测或采样分析，为以后选择适合建立月球基地的位置提供月面的化学与物理参数。

"嫦娥二号"是二期工程的技术先导星，其主要目的是为"嫦娥三号"任务实现月球软着陆进行部分关键技术试验，并对"嫦娥三号"着陆区进行高精度成像。与"嫦娥一号"相比，"嫦娥二号"有以下几个优势和进步：直接奔月；离月更近；装备更先进。

2010 年 10 月 1 日 18 时 59 分 57 秒，"嫦娥二号"由长征三号丙火箭运载成功发射升空。2010 年 11 月 8 日，国家国防科技工业局首次公布"嫦娥二号"卫星传回的月球虹湾区域局部影像图，这是"嫦娥三号"预

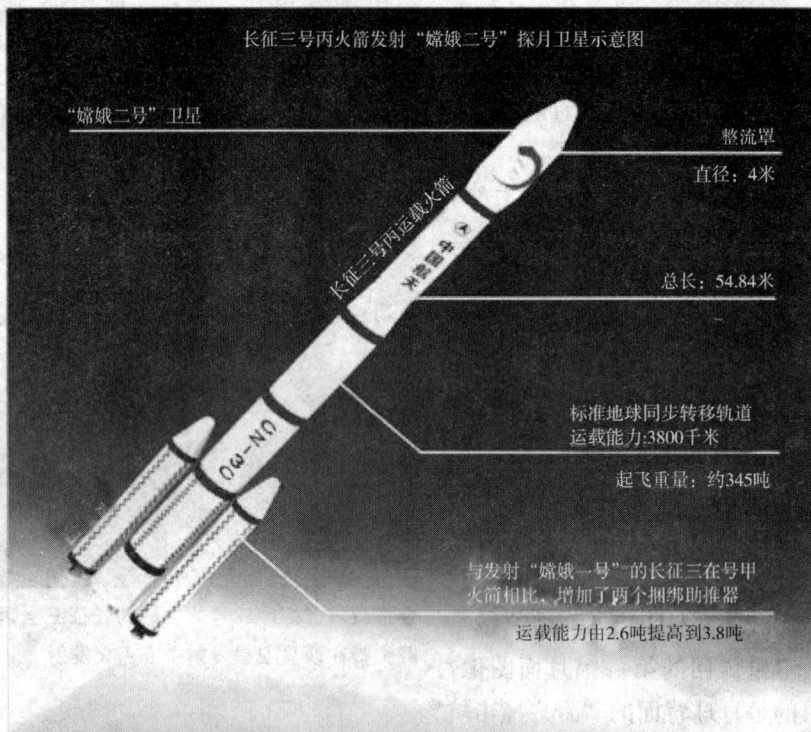

长征三号丙火箭发射"嫦娥二号"探月卫星示意图

"嫦娥二号"卫星

整流罩
直径：4米

总长：54.84米

标准地球同步转移轨道
运载能力：3800千米

起飞重量：约345吨

与发射"嫦娥一号"的长征三在号甲
火箭相比，增加了两个捆绑助推器

运载能力由2.6吨提高到3.8吨

◆用于发射"嫦娥二号"探月卫星的长征三号丙火箭

选着陆区。该影像图的传回，标志着"嫦娥二号"实现了既定目标。我国探月工程二期"嫦娥二号"工程任务取得圆满成功！

二期工程包含三次任务："嫦娥二号"卫星轨道探测任务、"嫦娥三号"及"嫦娥四号"探测器、"软着陆"与月面巡视探测。有了"嫦娥二号"的铺垫，"嫦娥三号"将实现软着陆、无人探测及月夜生存三大创新。"嫦娥三号"最大的特点是带有一部"中华牌"月球车，实现月球表面探测。

曾担任过中国嫦娥工程总指挥、中国载人航天工程副总指挥的中国工程院院士、原国家航天局局长栾恩杰透露，"嫦娥三号"有望在2013年前落月，并给落月点起了一个富有诗意的名字——"广寒宫"。

2010年11月23日，中国探月工程副总设计师于登云表示"嫦娥三号"已经进入初样研制阶段，并且进展良好。

从不凄凉的苍凉世界——人类探月史

三期工程：回

探月三期工程的核心是完成无人月球表面采样并返回，将深化人们对月壤、月球形成演化的认识。通过探月工程，中国将掌握一系列探月关键技术，建立地面设施，培养人才队伍，为载人登月奠定一定的基础。三期工程预计在 2020 年左右完成。

嫦娥二号虹湾局部影像图

月球虹湾局部镶嵌图由嫦娥二号上星CCD相机拍摄图，经辐射、光度、几何等校正处理后制作而成。成像时间为2010年10月28日18时25分，卫星距月面约18.7千米。镜头分辨率约为1.3米。影像图中心位置为西经33°3′，北纬43°6′，破向月面由东向西宽约8.0千米，由北长约15.9千米。该区域表面较平坦，由玄武岩质的月壤覆盖，分布有不同大小的环形坑和石块，其中最大的环形坑直径约2千米。

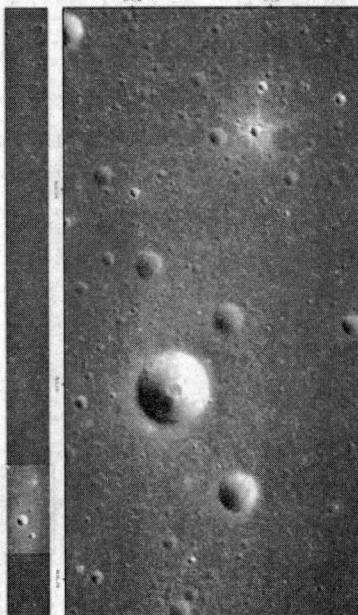

◆ "嫦娥二号"传回的"嫦娥三号"预选着陆区的局部影像图

◆ "中华牌"月球车，将有望于 2013 年前实现月面软着陆

链接——中国探月工程标志

　　中国探月工程标志的设计者是顾永。灵感源于中国书法。标志以中国书法的基础，抽象勾勒出一轮圆月。中间的两点用一双脚印代替，象征着月球探测和登上月球的终极梦想；圆弧的起笔处自然形成龙头，象征中国航天犹如巨龙腾空而起；落笔处由一群和平鸽构成，表达了中国和平利用空间的美好愿望。"我在这个作品中给观者留下一些思考空间，那对脚印可以是每个人的。"设计者如此说。整个设计既有中国元素，又有跨文化的世界胸怀。

中国探月
CLEP
◆ 中国探月工程标志

知识库——其他各国的探月活动

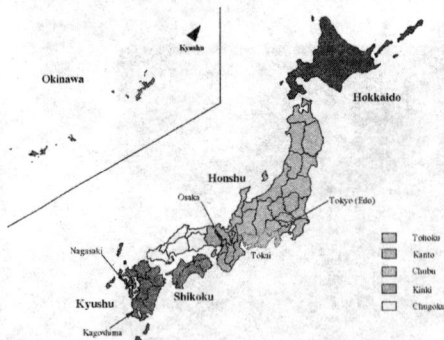

◆ 日本是世界上第三个发射月球探测器的国家

　　迄今为止，全球共进行了 127 次月球探测活动，其中美国 57 次，苏联 64 次，日本 2 次，中国 2 次，欧空局和印度各 1 次。以上成功或基本成功的有 64 次、失败 63 次，成功率为 50％。

　　美国在 1958 年至 1976 年共发射了 7 个系列 54 个探测器："先驱者"系列（5 次发射，1 次成功）、"徘徊者"系列（9 次发射，3 次成功）、"月球轨道器"系列（5 次成功发射）、"勘察者"系列（7 次发射，5 次成功）、"阿波罗"系列（11 次成功发射）、"艾布尔"系列（3 次发射，全部失败）、"探险者"系列（3 次发射，2 次成功）。

从不凄凉的苍凉世界——人类探月史 «««««««««««««

◆欧洲首个月球探测器

苏联在 1958 年至 1976 年间共发射 4 个系列 64 个月球探测器："月球"系列（43 次发射，24 次成功）、"探测器"系列（14 次发射，5 次成功）、"宇宙"系列（6 次发射，全部失败）、"联盟 L3"号（失败）。

20 世纪 90 年代以后，更多的国家开展了月球探测，共有以下 7 次：

1990 年 1 月，日本发射"飞天号"月球轨道器。虽然，"飞天号"在接近月球后与地面失去联系，没有获得探测成果，但是日本仍然是第三个发射月球探测器的国家。

1994 年月，美国成功发射"克莱门汀"号月球轨道器，绘制了月球

◆月球坑观测与遥感卫星观测发现月球 40 陨石坑中含 6 亿吨水冰

表面数字地形图，发回180万张图片。

1998年1月，美国成功发射"月球勘探者"号轨道器，进行遥感探测，于同年7月撞击月球寻找月球存在水冰的证据。

2003年9月，欧洲航空局成功发射第一个月球探测器"Smart-1"。该探测器采用太阳能离子发动机，成功完成预期探测任务，并于2006年9月撞月。

2007年9月，日本成功发射"月亮女神"（SELENE）月球轨道器。2009年6月，"月亮女神"受控撞月，结束为期2年左右的探测任务。

2007年10月，我国"嫦娥一号"成功发射，圆满完成预定探测任务，并于2009年3月受控撞月。

2008年10月，印度成功发射"月船1号"绕月卫星，对月球进行了全球成像，并进行了矿物和化学测绘。该卫星在轨工作312天后，与地面失去联系。

2009年6月，美国成功发射"月球勘测轨道飞行器"（LRO）和"月球坑观测与遥感卫星"（LCROSS），10月9日，LCROSS成功撞击月球，发现了水冰。LRO目前仍在轨道上工作。

2010年10月，我国成功发射"嫦娥二号"，后续工作正在进行。